上海大学出版社

2005年上海大学博士学位论文 52

U0358891

WDM丢失网络若干问题的研究

- 作 者：唐矛宁
- 专 业：运筹学与控制论
- 导 师：王汉兴

A Dissertation Submitted To Shanghai University for the
Degree of Doctor（2005）

Study On WDM Loss Networks

Candidate：Tang Maoning

Supervisor：Wang Hanxing

Major：Operations Research and Control Theory

Shanghai University Press

• Shanghai •

摘　要

本博士论文的工作主要分两个方面：一方面是对 WDM 光纤网络进行路由和波长分配算法研究，另一方面就是对随机环境中 WDM 丢失网络(Loss networks)进行平衡性分析和阻塞概率的计算。

第一章主要是概述研究工作背景和本文的主要工作。随着网络化时代的到来，人们对信息的需求与日俱增，可以预言，波分复用全光网的研究和实用化进程，必将使网络的性能和业务的提供能力跨上一个新的台阶，特别是对我国这样一个幅员辽阔，具有庞大干线网的国家。

第二章主要研究了 WDM 光纤网络中任播形式请求的路由和波长分配算法，任播是一种新兴的网络服务，是 IPV6 的一个新特征，作为下一代 Internet 新兴的服务方式，任播为我们展开了广阔的探索空间。任播技术发展的时间比较短，但具有提高网络性能、效率以及可靠性等优点。目前，对 WDM 光纤网络中单播和多播形式请求的路由和波长分配问题已经有了很多工作，并且一直是国内外这几年的研究热点。据我们所知，对 WDM 光纤网络中任播形式的请求，这方面的工作我们是最早开始的。在这一章里，我们不仅总结了目前已经存在的 WDM 光纤网络结构、拓扑结构、研究中常用的路由/波长分配算法，而且研究了 WDM 光纤网络中任播形式请求的路由和波长分配问题，给出了一个新颖的路由和波长分配算法来研究静态形式和动态形式任播请求并进行了计算机模拟分析。

1

第三章简单介绍了马氏过程的若干知识,主要包括可逆性和 Kolmogorov 准则,附带的,在本章,我们给出了判别离散状态马氏链常返性的一个充分必要条件,在此基础上给出了一个简单定理来判断马氏链平稳分布是否存在。本章内容可以看作是后两章数学分析的基础。

第四章开始研究 WDM 丢失网络的平衡性分析,近年来,对丢失网络的数学理论的研究及其对通讯系统的设计和控制又重新引起了越来越多研究者的兴趣。之所以要研究丢失网络,一个主要的目的就是为了获得网络性能,例如丢失概率的近似计算。丢失网络可以代表很多种网络,在本文中我们主要指的是 WDM 网络,当然也可以指电路转换网络。电路转换网络和 WDM 网络的主要不同就在于在电路转换网络中,每个链路上的信道(channal)是没有区别的,而在 WDM 网络中,每个链路上的不同信道意味着不同的波长,众所周知,乘积形式的解是服务网络最出色的成果,也是许多服务网络共同具有的特征。在本章中,我们对 WDM 丢失网络中有路由选择的请求进行了平衡性分析,得到的结果是乘积形式的解。

第五章则对有路由选择的 WDM 丢失网络的丢失概率进行了计算。首先我们详细介绍了目前为止在电路转换网络和 WDM 网络中,研究工作中对阻塞概率已有的研究方法和著名的研究模型,进而给出带有路由选择的 WDM 丢失网络阻塞率的计算方法。

第六章是本文的总结和未来研究展望。

关键词　马氏过程,平衡分布,阻塞率,丢失网络,WDM 网络,路由,波长,任播

Abstract

The Ph. D. thesis mainly includes two parts: one is the study of the routing and wavelength assignment for WDM optical networks, the other is the equilibrium analysis and computation of the blocking probabilities for the WDM loss networks.

In the first chapter, we outline the background and the main tasks of our study. With the coming of the network times, the need for the information has been on the rise. It can be predicted that with the study and realization of the WDM optical networks, the performance and offer ability of the network will go to a new step, especially for our country with a large backbone network and a vast territory.

In the second chapter, we mainly study the routing and wavelength assignment for anycast in WDM optical networks. Anycast is a new network service defined in IPV6. As a new network service, it provides a huge space for our study. Though the development time of anycast is not very long, anycast has the following virtues: improve the network performance, efficiency and reliability. Now many work have been done on the uncast and multicast for routing and wavelength assignment in WDM networks. But to our best knowledge, in the literature, there is still no report on the routing anycast data in the WDM networks. In this chapter, we not only summarize the existing WDM optical network architecture, topology architecture and usually used routing and wavelength assignment algorithms, but also give a novel routing and wavelength assignment algorithm for anycast in WDM networks. We give the algorithms under the static and dynamic case and give the computer immitation analysis.

In the third chapter, we introduce some knowledge for the Markov process including the reversibility and Kolmogorov criteria. By the way, in this chapter, an if and only if method is given, which can prove whether the Markovian chain is recursion or not. Applying this method, we have given an easy theorem to prove whether the stationary distribution exist. This chapter can be viewed as the base of the mathematics analysis of the following chapters.

In the fourth chapter, we study the equilibrium analysis for WDM loss networks. In recent years, there has been a resurgence of interest in the mathematical theory of loss networks and in its application to the design and control of telecommunication systems. The main reason to study the loss networks is to obtain the network performance, for example the approximation computation. In our paper, the loss networks mainly denote the WDM network. Of course, it also can be the circuit-switched networks. The main difference of the WDM networks and circuit-switched networks is that in the circuit-switched networks, channels on a link are indistinguishable，while the wavelengths on a link are distinct. It is well known that product form solution is the most excellent outcome of the service network，and it also is the common characteristic of many networks. In this chapter，we give the equilibrium analysis for requests which have the routing section in WDM loss networks. The results have the product form.

In the fifth chapter，we compute the blocking probability for WDM loss networks which have the routing section. Firstly we introduce the existing investigation methods and famous models for studying the blocking probabilities in the circuit-switched network and WDM networks. Then we give the method to compute the blocking probabilities for WDM loss networks which have the routing section.

In the sixth chapter，we summarize the paper and put forward the expectation for the future investigation.

Key words　Markovian process，Equilibrium Distribution，Blocking Probabilities，Loss Networks，WDM Networks，Route，Wavelength，Anycast

目　　录

第一章 绪 论

本章主要介绍了我们的研究背景，WDM 的现状和发展，引入 WDM 全光网的原因，选题依据和拟研究的主要方向，最后列出了本文的研究内容和安排。

§1.1 WDM 的现状和发展

"千里眼，顺风耳"是古代人们在神话故事中的憧憬和向往。"秀才不出门，能知天下事"是人们长期以来的一种美好愿望，在信息技术高速发展的今天，都已经变成了现实。

在信息社会里，人类社会对信息的需求正爆炸式地增长，尤其是因特网的迅猛发展以及万维网（WWW：World Wide Web）、视频点播（VOD：Video on demand）、网络游戏以及各种新业务如网上购物、网络电话、高清晰电视（HDTV：High-definition Television）等的出现，使带宽的需求成指数形式增长[11]。近几年来，传统的语音业务的增长率只有 5%～10%，而以 Internet 为代表的数据业务的年增长率为 20%～30%。数据通信业务量如此迅速，持续增长的最直接的动力就是来自 Internet 业务量持续指数级的增长。主要的 Internet 提供商给出的数据表明：系统带宽正以超摩尔的速率增长，带宽大约每 6—9 个月就需要翻一番，比著名的 CPU 性能进展的摩尔定律（约 18 个月翻一番）还要快 2—3 倍。全球通信业务的迅速增长，出现了所谓的"光纤耗尽"现象和对代表通信容量的带宽的"无限渴求"现象。为提高通信系统的性价比和经济的有效性，满足不断增长的电信和 Internet 业务需求，如何提高通信系统的带宽已经成为焦点。通信业务的爆炸式增长和对未来的理想通信形式的渴望，迫使人们不断提高网络的传输速度和交换容量。因此提高骨干网的传输速率，增大传输容量是光通信发展的大方向之一。提高传输速率的方式有很多种，如：电时分复用（ETDM：Electrical Time Division Multiplexing），波分复用（WDM：Wavelength Division Multiplexing），光时分复用（OTDM：Optical Time Division Multiplexing），光码分复用（OCDM：Optical Code Division Multiplexing)和分复用（SDM：Space Division Multiplexing)等。当前，最切合实际，发展最快的是波分复用（WDM），尤其是在光纤资源较为紧张的情况下，人们往往把 WDM 作为目前系统升级扩容的首选方案[33, 34, 48]，这是由于 WDM 技术能用相对简单的技术形式充分挖掘光纤的可用带宽，且成本比较低廉，因而得到了迅猛的发展。

WDM 技术的发生与发展是和光纤技术、光纤通信系统的发生与发展紧密相关的。光纤通信的诞生成为通信史上的一次重要革命，它极大地提高了传输带宽。1966 年，英籍华裔学者高锟(C. K. Kao)和霍克哈姆(C. A. Hockham)发表了关于传输介质新概念的论文，指出了利用光纤(optical fiber)进行信息传输的可能性和技术途径，奠定了现代光通信-光纤通信的基础。1970 年，光纤研制取得了重大突破，在当年，美国康宁(Corning)公司第一次宣布它所研制的高纯度硅酸盐玻璃单膜光纤的损耗小于 20 db/km，从而打开了光纤通信走向实用化的大门，使光纤通信迅速发展起来。

在整个光纤通信的发展过程中，可将光纤通信的发展大致归纳为三个阶段[57]：

第一阶段(1966—1976 年)这是从基础研究到商业应用的开发时期，在这个时期，实现了短波段(0.85 μm)低速率(45 或 35 Mb/s)多模光纤通信系统，无中继传输距离为 10 km。

第二阶段(1976—1986 年)这是以提高传输速率和增加传输距离为研究目标和大力推广应用的大发展时期。在这个时期，光纤从多模发展到单模，工作波长从短波长(0.85 μm)发展到长波长（1.31 μm 到

1.55 μm)实现了工作波长为 1.31 μm 传输速率为 140～565 Mb/s 的单模光纤通信系统,无中继传输速率为 100～150 km。

第三阶段(1986—1996 年)这是以超大容量超长距离为目标全面开展新技术研究的时期,在这个时期,实现了 1.55 μm 色散移位单模光纤通信系统。利用外调制技术,传输速率可达 2.5～10 Gb/s,无中继传输距离可达 150～100 km,实验室可以达到更高水平。

简单来说,波分复用是光纤通信中的一种传输技术,它利用了一根光纤可以同时传输多个不同波长的光载波的特点,把光纤可能同时应用的波长范围划分为若干个波段,每个波段用作一个独立的通道传输一种预定波长的光信号。其基本原理是在发送端将不同波长的光信号组合(复用)起来,在接受端又将组合的光信号分开(解复用)并传输到不同的终端。通常将波分复用缩写为 WDM。光波分复用的实质是在一根光纤上进行光频分复用,只是因为光波通常采用波长而不用频率来描述,监测与控制。在波分复用技术高速发展,以及每个光载波占用的频段极宽,光源发光频率及其精确的前提下,或许使用光频分复用(OFDM)来描述更恰当些。

这里可以将一根光纤看作是一个"多车道"的公用道路,传统的 ETDM 系统只不过是利用了这条道路上的一条车道,提高比特率相当于在该车道上加快行驶速度来增加单位时间内的传输量。而利用 WDM 技术类似于利用公用道路上尚未使用的车道,以获取光纤中未开发的巨大传输能力[16]。采用 WDM 技术来扩容是当前唯一实现的超大容量传输技术,它不仅可以节约大量光纤而迅速扩容,而且还可以节约大量再生中继器以降低整个系统的成本,奠定了未来全光网络的基础。

按信号的复用方式对光纤通信系统进行分类,光纤通信系统可以分为光频分复用(OFDM)系统,电时分复用(ETDM)系统,光时分复用(OTDM)系统,波分复用(WDM)系统,光码分复用(OCDM)和空分复用(SDM)系统[48]。在本文中,我们将主要研究 WDM 系统,WDM 系统的基本构成主要有两种形式:双纤单向传输和单纤双向传输[48]。单向 WDM 是指所有的光通路同时在一根光纤上沿同一方向传送，在发送端将载有各种信息的、具有不同波长的光信号通过光复用器组合在一起，并在一根光纤中单向传输。由于各信号是通过不同光波长携带的，所以彼此之间不会混淆，在接受端通过光解复用器将不同波长的信号分开，完成多路光信号传输的任务，反方向通过另一根光纤传输，原理相同；双向 WDM 是指光通路在一根光纤上同时向两个不同的方向传输，所用波长相互分开。

概括来说，WDM 系统的主要特点为：

（1）充分利用光纤的低损耗波段，大大增加光纤的传输容量，降低成本。

（2）对各信道传输的速率、格式等具有透明性，有利于数字信号和模拟信号的兼容。使用不同的波长，快或慢的异步和同步数字数据及模拟信息，可以在一根光纤上同时独立发送，而不需要一致的信号结构。

（3）可提供波长选路，使用多个波长来增加链路的容量和灵活性，使建立透明的、具有高度灵活性的 WDM 全光通信网成为可能。

（4）可节省光纤和光中继器，便于对已建成系统进行扩容。

WDM 具有广阔的发展前景，特别是对于我国这样一个幅员辽阔，具有庞大干线网的国家。1996 年全球 WDM 设备市场约为 11 亿美元，到 2000 年超过 15 亿美元，预计到 2005 年将猛增到 125 亿美元。2001—2006 年是 WDM 技术迅猛发展的时期，运营公司将大量采用 WDM 光网络技术作为宽带网络的基础结构，基于波长选路及波长变换的光网络将大量应用，以保证网络的快速恢复及高可靠性[48]。

§1.2 WDM 全光网的引入

随着光分插复用器（OADM）和光交叉连接设备（OXC）的出现，使得 WDM 技术从最初的点到点传输技术逐渐转变为一种网络技术[62]，WDM 宽带光联网已经成为继 SDH 电联网后的又一次新的光通信发展高潮。从当前信息技术发展的潮流来看,建设高速大容量的宽带综合业务数字网(B－ISDN)已经成为现代信息技术发展的必然趋势。而波分复用技术(WDM)的实现化,可使光纤的传输容量极大地提高,为高速大容量的宽带综合业务网的传输提供了有效的途径。

20 世纪 70 年代,美国未来学家托夫勒在《第三次浪潮》中首次描述了信息社会的美好前景,揭开了信息时代的序幕。在人类信步迈向新世纪的同时,以信息经济和知识经济为核心的"新经济"成为世界经济发展的最主要的增长点。因此,具有极丰富带宽资源和优越性能的多波长性能的多波长光通信网络因其在国家信息架构中的基础地位而备受关注[33]。

人们设想在不久的未来可拥有一个更为理想的通信环境,即在任何时间,任何地点,可以使用非常便宜且安全的通信方式进行互相联系与交流。这个目标支持并推动着现代通信网络技术的不断演进和持续发展。此外,诸如可视图文,远程教育,远程医疗,电视购物,电视会议,高清晰电视(HDTV),交互式有线电视等数字或模拟图像通信新业务的出现,提出了进一步实现网络高速化和宽带化的迫切要求。高宽带网络逐步展示出它在信息技术中的核心地位。

自 90 年代初以来,人类社会进入了一个前所未有的信息爆炸时代,其中最具影响的三大事件是:伴随着个人电脑普及而来的 Internet 的飞速发展,由数字移动通信业务导向个人通信而引发的常规通信的革命,以及多媒体通信业务的出现。信息爆炸刺激了全球通信业务的疯狂增长,而这种疯狂增长的最直接的后果就是出现了所谓的"光纤耗尽"现象——埋下去的光纤都用光了。以美国为例,从 1994 年起,几个主要的长途电信业务承载商的光纤通信系统都持续出现了负荷能力接近饱和的问题[91, 48]。

就建设资金而言,光纤通信系统的初期投资是非常大的,主要原因是光缆线路的敷设费用很高,那么如何利用现有光缆系统实现最大限度的扩容呢? 传统的扩容方法是采用 TDM(时分复用)方式,即对电信号进行时间分隔复用。无论是 PDH 的 34 Mbit/s、140 Mbit/s、565 Mbit/s 还是 SDH 的 155 Mbit/s、622 Mbit/s、2 488 Mbit/s、9 952 Mbit/s 都是按照这一原则进行的。据统计,当系统速率不高于 2 488 Mbit/s 时,系统每升级一次,每比特的传输成本下降 30％左右。因此,在过去的系统升级中,人们首先想到的并采用的是 TDM 技术。采用这种时分复用方式固然是数字通信提高传输效率,降低传输成本的有效措施,但是随着现代通信网对传输容量要求的急剧提高,利用 TDM 方式已日益接近硅和砷化镓技术的极限,并且传输设备的价格越高,允许色散色度和极化模色散的影响也日益加重,因此人们正越来越多地把兴趣从电时分复用转移到光复用,即从光域上用波分复用方式来提高传输效率,提高复用速度。其突出特点是:能在一根光纤中同时传输不同波长的几个甚至上百个光载波信号,不仅能充分利用光纤的带宽资源,增加系统的传输容量,而且能提高系统的经济效益。从世界范围来看,目前正在建设或将要建设的商用光纤通信系统,基本上都是 WDM 光纤通信系统,原有的光纤通信系统也将陆续改造成 WDM 系统[48]。

90 年代初,国际上对光子交换的研究集中在 ATM 和分组交换上,采用高速光开关,在时域实现光子交换。但这种光交换并没有迅速发展起来,因为目前光存储器件尚不成熟,不能在光上识别 ATM 信头。国内外通用的方法是用光分路器将光信号分下一小部分,将其转换为电信号,在电上识别信头,再控制光开关动作,这样就失去了光上的透明性,也突破不了电子瓶颈对速率的限制。

90 年代中期以后,WDM 光纤传输系统的应用前景已经很明朗,我国已开始引进 WDM 系统,国际上也已开始进行 WDM 光网络的实验研究,在点对电 WDM 系统的基础上,以波长路由为基础,引入光交叉连结(OXC)和分插复用(OADM)节点,建立具有高度灵活性和生存性的光网络,被认为是可行的且有发展前途的方案。WDM 全光网络具有如下特点[33]:

(1)可以极大地提高光纤的传输容量和节点的吞吐容量,适应未来高速宽带通信网的要求。全光网可以与现有的通信网络兼容,由于全光网是基于 WDM 传输以及波长路由方式的光通信网,它可以比较容易与现有的通信网络兼容,并且支持未来的综合业务数字网以及网络的低成本升级。

(2) OXC 和 OADM 对信号的速率和格式透明,可以建立一个支持多种电通信格式的,透明的光传送平台。在全光网络中,高比特的用户信息在中间节点处不需要经过光/电和电/光转换以及电子处理,这就克服了"电子瓶颈"问题,不仅可以大大提高容量,而且使网络可以支持各种标准的业务,这是因为如果在某个波长上建立了连接,那么任意格式和速率的信号都可以在两个节点之间传送,与其他连接上传送的内容没有关系。

(3) 以波长路由为基础,可以实现网络的动态重构和故障的自动恢复,构成具有高度灵活性和生存性的光传送网。在网络控制管理系统的调度下,全光网可以根据不同的情况(如统计规律、突发性业务、网络局部节点坏损、光纤连接中断等)通信业务的变化,动态的改变网络的结构以满足实际通信网的要求,充分利用网络资源,减少网络闲置的现象,提高网络的可靠性。

(4) 全光网还具备可扩性(scalable),即在新的节点加入时,不影响原有的网络结构和原有各节点的设备,世界许多国家在现有的通信网络系统中已投入大量的人力、物力和财力,原有的电通信系统也具有庞大的基础。在网络的扩建时可以对原有的通信网络做尽量少的改动,降低网络维护成本。

全光网已经被 ITU-T 定义为光传送网。"全光网络"是光纤通信发展技术的最高阶段,也是理想阶段。实现透明的、具有高度生存性的全光通信网是宽带通信网未来的发展目标。

WDM 全光网由于具有可重构性,可扩展性,透明性,兼容性,完整性和生存性等特点,因此一经问世,就引起了人们的极大的兴趣,各国投入大量的人力、物力进行研究和现场实验,ITU-T 也抓紧研究有关光网络的建议,WDM 全光网络被认为是通信网向宽带,大容量发展的首选方案,是目前光纤通信领域的研究热点和前沿。

近年来,由于 WDM 技术的成熟,点对点的系统已大量应用在国内外的通信网。同时光分插复用设备和交叉链接设备的开发,在国际上掀起了一个研究全光通信网的热潮。欧、美、日等发达国家都投入大量的人力、物力和财力对全光网络,尤其是光传送网络进行了详细的研究,目前许多研究成果都已经商用化,产生了巨大的经济效益。在美国和欧洲还进行了系统性的大规模网络,加拿大的 CA*net3 试验网络也已引起业界极大的关注。我国自 1996 年开始建立国家级项目,研究波分复用全光网。下面我们来简单介绍一下美国、欧洲和国内的相关试验计划进行的情况。

20 世纪 90 年代初,美国国防部高级研究计划局(DARPA: Defense Advancd Research Project Agent)即着手部署光网络及其支持技术方面的重大研究计划。该计划分两期进行,第一期着眼于验证光网络在技术上的可行性,并形成两个研究集团:AON 和 ONTC。第二期研究从 1994 年底、1995 年初开始,DARPA 支持了四个新的集团:MONET、TNTON、WEST 和 ICON。目前他们已在器件技术、网络结构、网络管理和控制,以及现场试验等领域取得了显著的进展。

在欧洲,现今通信技术的研究经历了由 RACE(欧洲先进通信方式的研究与技术开发)计划到 ACTS(先进的通信技术和服务)计划的转变,在 RACE 计划和 ACTS 计划中,将光传送网络和光交换网络等技术列为主要研究目标。在光网络研究领域,RACE 计划着眼于建设宽带网络用到的基础技术的开发工作;而 ACTS 计划把目光更多地投向光网络的应用技术领域,它的一个重要目标是通过现场试验把分布于欧洲各国的国家主要通信信息设施利用起来,以此为基础展示光网络实用技术的应用,并进一步推动关于未来先进通信技术的研究。目前,ACTS 计划在欧洲各地建立了一系列试验性的 WDM 光传送网,主要进行的有代表性的研究项目有泛欧光子传送网(PHOTON: Photonic Transport Networks)、泛欧光网(OPEN: Optical Pan-Europe Network)和城市光网(METON: Metropolitan

Optical Network)等。

我国从 20 世纪末就开始了光网络的研究和实验网络的建设,相关研究由国家自然科学基金或高技术研究发展计划("863"计划)资助或支持。目前,我国的 WDM 光通信网的研究已取得了很大的进步,信息产业部(原邮电部)已经引进了多条 WDM 传输链路并进行了相关的传输试验。国内自行研制的 WDM 传输系统也已开始提供运行(济南—青岛,广州—汕头等)。为了跟踪国际上先进通信网络技术,研究 WDM 技术在现代通信网络中的应用,开发 WDM 光网络实用化过程中的关键技术,如器件、组网和管理技术,中国"863"主题开展了光传输和交换基础技术的研究工作,在"863"的"十五"计划中又开展了光通信技术专题研究[39]。1998 年,国家自然科学基金委员会又发布了重大自然科学基金项目"WDM 全光网基础研究",由我国的一些知名高校,如清华大学、北京大学、电子科技大学等和一些科研单位共同承担,为我国全面推广 WDM 光传送网络奠定坚实的理论基础。1999 年 6 月,国家高技术项目智能计算机主题、光电子主题和通信主题联合提出实施"中国高速信息示范网(CAINONET)"的研究开发项目,建立一个基于光因特网技术的高速信息网试验环境,为以光因特网技术为代表的先进网络技术的研究、开发和实验提供一个网络平台[40]。CAINONET 网络集中了国内主要的电信设备生产厂商和高校、科研院所的重要研究成果,于 2001 年 3 月组网成功,显示了我国已具备自主开发新一代光通信设备和网络的能力。新一代的中国网通骨干网(CNCnet)和中国高速连接试验网(NSF)也正在积极地研究、开发和建设之中[48]。可以预言,波分复用全光网的实验和实用化进程,必将使网络的性能和业务的提供能力跨上一个新的台阶。

§1.3   选题依据

波分复用光网络的路由和波长分配（RWA：routing and

wavelength assignment)问题是光网络研究的重要问题之一,RWA
问题解决的好坏直接影响到光路通信所需的波长数和光路阻塞率这
两个重要的特征,在提高波长信道使用率方面,一个好的路由和波长
分配算法也有着十分重要的作用。简单来说,RWA 问题就是在一组
全光连接请求的条件下,寻找源节点到目的节点的路由和给这些路
由分配波长的问题。

单播(unicast)是网络中传输信息的一种方法,发送信息的站点
只把信息投递给一个指定的站点,如果需要传给站内其他成员,则由
接收站点将信息复制后再向下一个站点传送。单播的实现一般采用
Dijkstra 提出的最短路算法或 Bellman-Ford 算法[7]来建立点到点的
路由,当只有两个终端参与同一进程时,一般采用单播方式。多点播
送(multicast)或简称多播,指的是一端节点将同一信息传送到多个目
的端节点,参与多播的多个目的端点组成一个多播组,每个端节点称
为多播组成员。涉及多播技术的应用很多,如多媒体会议、远程教
育、数据发布等,多媒体会议是多播应用的一个典型的例子。传播无
限(anycast)是指信息从一个源节点可以传送给一组指定的目标节点
中的任何一个,是未来数字化的新梦想。在无限传播的世界,人们可
以实现跨越空间限制的信息的交流和共享,这是在 2001 年的 BIRTV
展览会上,Sony 公司为每位来宾描绘的精彩未来。对 WDM 网络中
的单播和多播的路由和波长分配算法,目前已有了很多工作,也一直
是国内外这几年的研究热点,并有不少的算法报道,这些算法总的来
说都用的是试凑(Heuristic)算法[9, 94, 101]。但对于 WDM 网络中任播
形式的路由和波长分配问题,目前还没有有关的文章出现,这是我选
题的一个依据。

另一方面,目前对 WDM 网络性能的研究已经有了一些研究成
果,总的来说,从数学上对 WDM 的诸多问题给出好的数学证明,对
这一方面工作并不是很多,特别是从概率方面建立好的数学模型,应
用随机过程的有关理论研究网络,是一个比较新兴的研究方向,Kelly
对丢失网络中的阻塞率和丢失率已经进行了系统的研究[29,30],但对

WDM 丢失网络中有关阻塞率的研究还只是处于初级研究阶段,这是我选题的又一个依据。

作为电话通信系统,计算机通信网络等信息系统的随机模型,丢失网络一直是通信网络理论中十分重要的研究课题。其研究可以追溯到 1917 年,其时 A. K. Erlang 发表了电话系统呼叫信息丢失概率的著名公式,即 Erlang 公式[25]。1965 年,Benes[89]拓展了 Erlang 的工作,进一步发展了通信系统和随机机制系统的相关理论。然而,丢失概率的计算仍然很困难,近似与模拟是主要的方法[46, 73]。由于过去几十年排队网络理论以及信息科学与技术的发展[2, 28, 58],近十多年来,丢失网络的数学理论及其在通信网络系统的设计与控制方面的应用得以复苏,同时成为随机数学领域和通讯网络领域十分热门的研究课题[18, 30]。在随机网络理论中所取得的最值得称道的成果当属乘积型随机网络理论[18, 28, 30, 88]。在乘积型随机网络理论中,信息包的到来和服务却都是基于 Poisson 的基本假设。Poisson 分布在排队论中具有特殊的地位,最初它是由 S. D. Poisson 于 1837 年在他的关于概率论的论文中提到,相关联的负指数分布的无记忆性大大简化了研究。因此,现实性和方便性使排队论颇大地依赖于 Poisson 分布。随着信息科学与技术及其伴随的多媒体技术的飞速发展,通信网络的信息流和服务的多样性与复杂性对网络理论的研究提出了新的挑战。基于多媒体信息流的 Poisson 及相关性,我们试图探讨随机环境中的随机网络及其在计算机通讯网络中的应用。

随机环境中的随机过程的研究始于 20 世纪 60 年代末 70 年代初,近三十年来,这一理论得到了飞速发展。Nawrotzki, Cogburn, Orey, Athreya 等[55, 56, 71, 78]在这一领域内做出了杰出的工作。国内的丁万鼎、陈大跃、王汉兴等[42]在这一领域内也做出了不少工作。这一理论,特别是随机环境中的马氏过程理论为通信网络的研究提供了可行的数学依据。可以说,任何系统都是在某种随机环境中演化的。将随机环境的思想引入丢失网络,即称为随机环境中的丢失网络。有关随机环境中的随机网络的研究成果还十分有限,且仅限于极简单的单个 Node 的模型[70, 77]。但是,很多实际通讯网络都可以较好地通过随机环境中的随机网络来模拟,所以,研究随机环境中的随机网络及其在通讯网络中的应用就显得十分重要和迫切。丢失网络除了可以用来描述传统的电话网络外,还可以是局域网、蜂窝无线电网或现代 ATM 网络,当然也可以是 WDM 网络,基于此,我们也可以得到随机环境中的 WDM 丢失网络,这也可看作是我选题的另一重要依据。

§1.4   拟研究的主要方向

研究的主要方向分为:一方面讨论 WDM 网络中任播形式请求的路由和波长分配算法,WDM 光网络的业务可以分为静态业务和动态业务,相应的 RWA 算法可以分为静态 RWA 算法和动态 RWA 算法。这里我们将不仅分别给出静态和动态情形下任播请求的路由和波长分配算法,而且我们还会通过计算机模拟来说明我们的算法。一般来说,在 WDM 网络中建立实时连接的主要困难在于:一方面每个网络节点只知道与其相连的链路上可用的波长,没有任何节点具有全网的拓扑结构或可用波长的信息;另一方面,如果在具有波长转换能力的网络中,只有当路由请求到达一个节点时,才知道是否需要进行波长转换,而波长转换的时间是不可忽略的,可能会使所选路径超过延迟而无效,我们研究的 WDM 网络一般都要求波长连续性限制。

另一方面,由于马氏过程和平稳独立过程的理论相对成熟,所以在 WDM 丢失网络的研究中,先从马氏环境过程或平稳独立环境过程入手,以环境过程和随机环境中的丢失网络构成二维向量过程,并证明该二维向量过程是一马氏过程。然后利用马氏过程的理论证明二维向量过程的平稳分布的存在性,并且求平稳分布,从而导出边沿过程,即 WDM 丢失网络的平稳分布存在性及其平稳分布。在网络的平稳状态下求出丢失概率的解析式,研究有关网络近似计算理论,给出丢失概率的近似计算方法。

据我们所知,关于丢失网络,特别是带路由选择的丢失网络的研究,虽然在通信网络理论及应用中十分重要,但几乎还是一块空白。研究带路由选择的丢失网络将填补通信网络理论研究的这一空白。

研究 WDM 丢失网络。我们主要研究带路由选择 WDM 丢失网络,讨论系统的稳定性,平稳分布和丢失(或接纳)概率的解析式与近似计算方法,大型复杂网络的极限性态分析,以及网络系统的模拟仿真。为实际网络的 QoS 分析提供严格的数学理论分析。拟解决的关键问题是带路由选择的 WDM 丢失网络的 QoS 分析,主要是 WDM 丢失网络的平稳分布的存在性及其求解,丢失概率的解析式及近似计算方法。

§1.5　论文的主要工作

本文的主要目的是研究 WDM 丢失网络中的若干问题,对于 WDM 光网络,我们主要研究的是任播形式请求的路由和波长分配算法,不仅需要研究静态业务下的路由和波长分配算法,而且也要给出动态业务下的路由和波长分配算法并进行计算机模拟比较;对于带有路由选择的 WDM 丢失网络,则进行了平衡性和阻塞概率两个方面的讨论。

第二章首先描述了 WDM 光纤网络结构和 WDM 全光网拓扑结构,然后详细介绍了目前比较常用的路由和波长分配算法,进而对静态和动态的任播形式请求给出了算法并进行了计算机模拟分析。我们知道,目前,对 WDM 光纤网络中单播和多播形式请求的路由和波长分配问题已经有了很多工作,并且一直是国内外这几年的研究热点和重点,但对于任播形式的请求还没有相应的工作,在这一章中我们就首先进行了这方面的工作。

第三章介绍了马氏过程中的若干知识,对马氏链、可逆性和

Kolmogorov 准则进行了详细的介绍,附带的,本章中,我们给出了判别离散时间马氏链常返性的一个充分必要条件,在此基础上给出了一个简单定理来判断马氏链平稳分布是否存在,本章内容可以看作是后两章内容数学分析的基础。

第四章对带有路由选择的 WDM 丢失网络进行了平衡性分析,之所以要研究丢失网络,一个主要的目的就是为了获得网络性能,例如阻塞概率的近似估计,促进丢失网络发展的一个最重要的原因就是希望这些模型可以对实际生活中考虑路由如何选择或容量如何分配的问题提供帮助,但实际上这些问题一般都是很难解决的。丢失网络可以代表很多种网络,在本文中我们主要指的是 WDM 网络,当然也可以指电路转换网络。电路转换网络和 WDM 网络的主要不同就在于在电路转换网络中,每个链路上的信道(channal)是没有区别的,而在 WDM 网络中,每个链路上的不同信道意味着不同的波长,众所周知,乘积形式的解是服务网络最出色的成果,也是许多服务网络共同具有的特征。在本章中,我们对 WDM 丢失网络的请求进行了平衡性分析,得到的结果是乘积形式的解。

在第五章中,我们研究的主要内容是带有路由选择的 WDM 丢失网络的阻塞概率问题,首先我们详细介绍了目前为止在电路转换网络和 WDM 网络中,研究工作中对阻塞概率已有的研究方法和著名的研究模型,进而给出在带有路由选择的 WDM 丢失网络阻塞率的计算方法。

第六章则对全文进行了总结并对未来研究提出了展望。

第二章 WDM 光纤网络中任播形式请求的路由和波长分配算法

路由和波长分配是光网络研究的重要问题之一。本章主要研究波长路由 WDM 光纤网络中任播形式请求的路由和波长分配算法，其中任播请求可以是静态的也可以是动态的，我们将对这两种情况分别提出算法并进行计算机模拟分析。

§2.1 WDM 光纤网络结构

在描述 WDM 光纤网络之前，先来说明几个组成网络模型的元件的定义：

定义 2.1.1 节点(node)：在网络中，指一个或多个功能部件与信道或数据线路互连的一个点或一个分支的端点。

定义 2.1.2 链路(link)：在网络中连接两个节点之间的一个实体，在两个节点之间可以存在多个链路。在这个意义上，链路由物理链路和逻辑链路两种。物理链路指要通信的两节点之间的通信介质及与此介质上传输信息有关的设备(如发送设备，接收设备等)；逻辑链路指的是发信点与接信点之间的一条逻辑通路。

定义 2.1.3 连接(connection)：通信双方为了相互交换信息而建立的物理或逻辑联系，数据通信过程分为三个阶段：建立连接、数据传输、拆除连接。

定义 2.1.4 路径(path)：在一个网络中，任意两个网络节点之间的任意通路，即请求通过线路或网络所经历的道路。

定义 2.1.5 路由(route)：网络中从源节点到目标节点之间的

信息传输的路径,这样的路径可能有多条,即有多条路由。在互联网中,一条路由可能经过多个网关,路由器和物理网络。

定义 2.1.6 光路(lightpath):满足波长连续性限制的有向路径称为光路。

注:在全光网络中,光路可以看作是一个具有高带宽的管道,用来在源和单一的目的地之间建立一个连接。在光路上没有波长转换,一条光纤上可以支持多条光路,并且在不同的光路上使用不同的波长,即在一条链路上的两条光路必须使用不同的波长。

定义 2.1.7 信道(channel):指通信中将信息从发送设备运载到接收设备的任何连接路径。一条信道可以是某种物理介质(如同轴电缆)或者是在一个大型通道中的某一个特定频率。一般地说,多条信道可以共享一条通信路径或共同的通信设施,例如可以采用频分多路复用或时分多路复用技术将一条物理线路复用为多条信道,或者采用虚拟技术将一条物理链路复用为多条逻辑信道。用于标识一条可用信道的信号称为信道号。信道也称通信信道。

下面我们来介绍 WDM 光纤网络。WDM 光纤网络分为三大类:广播选择网络(broadcast-and-select networks),波长路由网络(wavelength routed networks),和线性光波网络(linear lightwave networks)。关于这三种网络的介绍,主要取材于[16, 60, 67],下面我们将分别加以介绍:

广播选择网络采用的是波分多址媒质访问协议,每个节点都装备着一个或多个固定调谐或可调谐的光纤发送器或一个或多个固定调谐或可调谐的光纤接收器。不同的节点可以瞬时地发送不同波长的信息,而星形耦合器将组合所有的信息并且将组合的信息广播到所有的节点。一个节点将通过调谐其接收器到其选择的波长上来接受所希望获得的信息。由于星形耦合器和光纤链路都是无源的,因此广播选择网络具有简单性和自然多路广播的能力(可以将一个信息传送到多个目的地),网络很可靠而且易于控制。然而其缺点为:一方面由于需要提供大量的波长,随着网络节点的增加,所需波长数也在增加。因为在广播选择网络中的波长不能被重新使用,因此最少需要提供和网络节点数目相同的波长,否则会对时延和效率产生不利影响;另一方面,不能跨越长距离,这是由于中心节点对光信号的分路和广播,每个接收节点收到的信号功率只有原信号的 $1/N$(N 为网络中除去中心节点外的节点总数),当 N 较大时会使节点收到的信号功率大大下降,因此非常浪费光能。还要指出的就是,在广播选择网络中,虽然收发信号的节点的失效不会危及全网的通信,可是中心节点的失效会使网络陷于瘫痪并且无法自动恢复。由此可见,广播选择网络的可扩展性差,利用率较低,如果没有广泛使用光功率放大器,就不能对一个宽广地域内的大量用户进行互联。因而一般应用于节点数较小(大约在 100 个左右)并且对网络生存性的要求不是很高的局域网(LANs:Local Area Netwroks)和城域网(MANs:Metropolitan Area Networks)。

波长路由网络可以克服广播选择网络的问题:波长不能重新使用、功率(power)分路丢失以及在广域网(WANs:Wide Area Networks)上的可伸缩性差。在波长路由网络中,节点是许多光交叉连接设备 OXC(Optical Cross-Connects),节点由光纤连接。周围的终端用户通过接入节点(Access Station)把数据复用至一个波长信道中,再在光纤中传输至目的节点。用光/电-电/光转换接口,而从源端到目的端可能要经过几个 OXC,中间无光/电-电/光转换的称为全光网络(AON:All-Optical Nerworks)。以后不加说明,我们指的都是全光网络。由于在波长路由网络中,接入站点信息从一个节点传送到另外一个节点不需要光-电-光转换和中间的节点缓冲,而是通过被称为光路的波长连续性路由来完成,这个过程被称为波长路由,这也是波长路由网络名称的由来。简单来说,光路就是两个节点之间通过在传递信息的过程中使用相同波长而建立的全光纤通讯路由。一般的,我们要求在选择的路由的所有的链路上都必须使用相同频率的波长,这就是波长连续性限制(wavelength continuity constraint),而相应的网络称为波长连续网络。另外,在任意光纤上的两个光路不能使用同一个波长，这就是不同的波长分配限制（distinct wavlength assignment constraint）。然而如果两个光路没有共同的链路，它们可以使用相同的波长，这就是波长再使用。因此，在波长路由网络中，有限的波长数能够支持多个节点的链路，节点可以方便地上下路，网络可扩充性好，非常适用于 WANs，是目前国际上的研究热点和重点。

线性光波网络是将一列波长组合（group）到一个波段内。作为整体，一个波段内的波长我们不加以区分，但是，在终端节点，我们需要将一个波段内的波长都区别开来。因为在每个节点，输入端口的功率是输出端口功率的线性组合，因此称为线性光波网络。我们知道，在波长路由网络中，我们使用的是波长（one-level）划分，几个波长被复用到一根光纤链路上。而在线性光波网络中，我们使用的是波带（two-level）划分，几个波带被复用到一根光纤链路上，并且在每个波带上都有几个波长复用在上面。另一方面，在波长路由网络中，路由节点是解复用（demultiplex），转转（switch），复用（multiplex）波长，而在线性光波网络中，路由节点是解复用，转转，复用波带，而不是波带中的波长。在线性光波网络中，除了要遵循波长路由光波网络中波长连续性和不同的波长分配这两个限制外，还需要遵循两个只有在线性光波网络中才有的限制：一是不可分离性（inseparability），即属于相同波段的信道被组合到一根光纤中时，它们在网络中不能被分开，该限制容易引起色冲突；另外一个限制就是不同的源组合，即在任意光纤上，只有来自不同源的信号才可以被组合。很显然，当光带中的波长数目不为一时，将会增加链路的复杂性，此外，在节点处进行组合和分割将会增加信息的丢失，从而增加了线性波长网络在实际中实现的困难性。

§2.2 波长路由 WDM 网络中的研究问题

由于在本文中我们只研究波长路由网络，下面简单总结一下其中的主要问题,包括:路由和波长分配问题;最小化波长连续性限制的影响(例如带宽丢失),解决的途径有采用波长转换器,多光纤和波长再路由;虚拟拓扑(光纤层)的设计,重构(reconfiguration),生存(survivability);光纤多路传播,控制和管理,信息填充(traffic grooming),以及 IP-over-WDM,下面分别加以简单的介绍:

路由和波长分配(RWA:routing and wavelength assignment):在波长路由 WDM 网络中,连接是通过光路实现的。为了在源-目的地节点之间建立一个连接,在该节点对之间需要找到一条波长连续性路由,而用来找到这样一条路由和波长从而建立光路的算法就是路由和波长分配算法,在下一节我们将会进行详细的介绍。需要指出的是,波长分配是波长路由网络区别于传统网络的一个独特特征。

波长可转化网络(wavelength-convertible networks):所谓波长变换器,就是一个光纤设备,它可以将一个波长变换成为另一个波长从而可以提高网络性能,一个具有波长变换器的 WDM 网络就被称为波长可转化网络。在 WDM 网络中,波长变换技术是一项关键技术,然而却一直备受争议。波长变换技术具有可以改善网络的性能,简化网络控制等一系列的优点,但是由于目前技术的限制,制造理想的全光波长变换器还很困难,而且波长变换器仍处于实验室制造阶段,当它商用化时,价格将较昂贵。介于技术和价格的限制,有限范围波长变换的研究和稀疏节点波长变换的研究应运而生[104]。

波长再路由:通过将一部分已经存在的光路转换成新的波长而不改变它们的路由,显然该方法和采用波长转换器的方法一样,可以改善波长路由 WDM 网络中波长连续性限制带来的问题,提高信道的使用率。一个波长再路由算法应该只选择一部分光路进行迁移,并且该算法应该简单,并且能处理动态信息流[31, 52]。然而缺点是从新路由的光路中的服务会被破坏掉并且花费昂贵。

虚拟拓扑设计:也称为逻辑拓扑设计,下一节我们将会详细介绍 WDM 全光网络的拓扑设计问题,这里将不再描述。

光纤多路传播(路由):在计算机网络中,多路传播即多播是目前研究最多,应用最广的连接方式。多播是将一源节点向多个目的节点发送信息(但不是所有节点)的通信方式,参与多播的多个目的端点组成了一个多播组,每个端节点称为多播组成员。涉及多播技术的应用很多,如多媒体会议、远程教育、数据发布等。为提高每次多播通信时的资源利用率,经常使用的方法是建立多播树,多播树具有降低信息传递的时延和节省网络宽带资源、减少阻塞和降低网络负荷的特点,因而得到了广泛的使用。

多光纤网络(multifiber networks):根据每条物理链路上的光纤数目,可将 WDM 网分为单光纤网和多光纤网。多光纤网的研究正在逐步被重视的原因为:(1)为了容错和满足未来网络的发展,现在铺设的干线光缆中都包含多对光纤;(2)为了补偿线路损耗以及复用器和解复用器的插入损耗,引入了掺铒光纤放大器(EDFA),但长途光缆中级联多个 EDFA 后,总的有效增益会下降,从而导致有效信道数的下降,为了增加信道数,须采用多光纤;(3)在多光纤网中,使用同一链路的不同光纤上的相同的波长是完全等效的,这等价于单光纤网具有部分波长转换能力后几个不同波长能相互变换的情形,因此多光纤网具有等效的部分波长变换能力。

信息填塞(traffic gromming):将低速率的同步光纤网(SONET:Synchronous Optical Network)连接聚集到一个高速率的波长上,并且使所用的 SADNs(SONET add drop multiplexers)的数目最小,这就称为信息填塞问题。该问题也是 NP-完全的,在一个波长上可复用的最多低速率连接的数目就称为多路复用因子。在本文中,我们一般不考虑信息填塞的问题。

光因特网或 IP 优化光互联网(IP-over-WDM):是指直接在光网上运行的因特网,在这种新一代的网络中,高性能路由器通过光分插复用器(OADM)或波分复用器(WDM)直接接入 WDM 光网中实现 IP 数据包直接在多波长光路上的传输[91]。随着 IP 流量的迅猛发展和传送方式的成功,IP 将成为未来传送网络业务的主要承载方式,而 WDM 具有惊人的传送能力。因此,光网络和数据网络的融合成为必然的发展趋势,光因特网成为人们关注的热点研究问题,代表了宽带IP主干网的明天。

注:没有波长转换器的波长路由 WDM 网络中,路由和波长分配主要受两个限制:一是波长连续性限制,即每个光连接的波长在它从源到终端所经过的所有链路上均保持不变;另一个就是不同的信道分配限制,及所有共享同一个光纤的连接必须被分配不通信道(这适用于接入链路和相互连接节点之间的链路)。第一个限制是由物理规律带来的,第二个限制是为了使网络正常运作,对网络进行设计时所带来的限制。然而在本文中,信道就是表示波长信道,因此不同的信道分配就意味着不同的波长信道。

§2.3　WDM 全光网拓扑结构

WDM 全光网包括一组节点的集合和一组点到点的光纤链路的集合,节点的结构划分为光部件和电部件两个部分。光部件是由一个由波分复用器/解波分复用器和光开关矩阵构成的波长选路开关(WRS),它可以使选定的光通道直接通过光传输点或与其他链路进行交叉连接,或在本地上路或下路;电器件即指电的分插复用和交叉连接设备,它通过有限数目的光发射/接受设备连接到节点的光部件上,这里的所谓的光通道是指两个节点之间的一条双向的由光载波构成的光连接。下面我们来介绍一下 WDM 全光网络的拓扑结构[34]。

通俗地讲,拓扑就是网络的形状,任何通信网都存在两种拓扑结构,那就是物理拓扑和逻辑拓扑(也称为虚拓扑),其中物理拓扑表征网络节点的物理结构,而逻辑拓扑表征的是网络节点间业务的分布情况。下面我们分别加以介绍:

1. 物理拓扑

网络的物理拓扑就是网络节点的物理连接关系,我们把描述网络链路和网络节点之间相互连接关系的图形称为网络的物理拓扑。因此从组成上讲,它是网络节点与光缆链路的集合。在波长路由

WDM 网络中,光波长路由器通过成对的点到点链路连接成任意的栅格结构,每个链路都承载了一定数量的波长,在节点中,可以相互独立地将各个波长传输到不同的输出端局。在波分复用技术发展的早期,点到点的连接是唯一的应用方式,随着节点技术的发展,WDM 组网技术得到了人们的重视,光分插复用器(OADM)以及光交叉连接(OXC)设备的出现使各种物理拓扑的实现成为可能,除简单的点到点的连接方式外,基本的物理拓扑有以下几种:线形,星形,树形,环形和网孔形。各种网络拓扑各有特点,在选用时,应该根据建设成本,站点分布,业务需求以及网络的可扩展性等多方面因素进行综合考虑。

2. 逻辑拓扑

逻辑拓扑指的是网络节点之间业务的分布情况,它与物理拓扑紧密联系,在逻辑拓扑的每个节点都有与网络若干其他节点相连的逻辑连接,每个逻辑连接使用一个特殊波长,任何两个无公共路径的逻辑连接可以使用相同的波长,这样,使用的波长数目就大大减少了。通常逻辑拓扑有以下几种结构:星形拓扑,平衡式拓扑和网状拓扑,这几种拓扑结构的形式和物理拓扑的表达形式很相似,我们就不再具体表示出来。

可见,波分复用网络的物理拓扑是指由网络节点和节点之间的波分复用链路构成的网络物理连接结构,与光缆线路的敷设路由直接相关,通常不能随业务改变而随时改变。利用光通道构成的逻辑拓扑与节点之间的业务紧密相关,可以由软件配置而比较容易改变,物理拓扑与逻辑拓扑的主要区别是[33]:

(1)物理拓扑的基础是节点之间的物理连接,逻辑拓扑的设计基础是节点之间的逻辑联系关系,而实现基础是节点的物理连接关系。

(2)在全光网络中,物理拓扑反映了物理媒质层的连接关系,拓扑的复杂度与网络节点的端口数量紧密相关;逻辑拓扑反映了光通道层的网络连接,传输和处理功能,拓扑的复杂度与节点端口的数量,复用的波长数目以及网络的功能结构都有直接的关系。

（3）物理拓扑设计是以满足业务需求为目的，对网络节点的地理分布和节点之间的物理连接关系进行优化的过程；逻辑拓扑设计是根据已有的物理拓扑，以提高网络运营指标为目的，优化光通道层网络功能的作用。

在研究 WDM 全光网络的拓扑结构时，有两类相关的主要问题需要研究，第一类问题称为"网络设计"问题，即已知网络的业务需求分布（可以是业务流分布）和物理拓扑，确定网络的配置，包括光纤对数，节点交叉连接的规模，需要的光放大器以及光载波分插复用器等。研究该问题可以在静态业务条件下，优化波长资源，使网络需求的波长数目最小。由于在大多数实际场合中，每根光纤复用的波长数目是固定的，如果一对光纤（双向传输）不能传输某链路上所有预分配的业务，那么在该线路方向上将需要更多的光纤对，因此问题研究的优化目标转化为最小化光纤数目或交叉连结节点的规模等内容，或者是两方面的结合。最终的优化测度应当是网络的成本，相应可以通过每条链路需要的光纤数目以及光链路长度等参数来衡量。如果从光通道层连接建立的角度来分析，静态业务下的选路和波长分配问题相当于一类"网络设计"问题。

第二类 WDM 全光网的拓扑结构问题称为"网络运营"问题，即对给定的网络（已知拓扑和资源），在已知或可以预测业务量的平均分布情况下，假设实际业务需求的变化是随机的，则网络可能存在一定的阻塞概率，反映动态的选路和波长选择算法质量的指表示在给定利用度条件下的阻塞概率。由于具有波长变换功能的节点可以提高光通道层波长的选择能力，因此在波长资源相同的情况下，VWP网络比 WP 网络具有更好的性能，"网络运营"问题可以看作是动态条件下的 RWA 问题。

§2.4 波长分配/路由算法

随着 WDM 技术日益成熟，WDM 传输技术已经进入了实用化和商业化的阶段,如何利用现有的和即将敷设的光纤联网,已经成为光通信领域中的一个重要问题。在 WDM 光网的实现中,如何合理地规划网络中的波长资源是决定网络资源利用率的关键问题。波长路由的光网络可以大大简化路由选择算法和网络的控制管理,不需要在交换时预处理路由信息,从而更有利于实现高速,大容量的通信网络,提高网络的可靠性和稳定性,而这种组网方案的可行性在很大程度上受到了网络所需波长数目的限制[16, 34, 103]。

在波长路由 WDM 网络中,连接是通过光路实现的,为了在源-目的地节点之间建立连接,需要使用合适的算法来选择路由和分配波长从而建立光路,RWA 问题相应的产生。路由和波长分配(RWA)问题是在一组全光链路请求情况下,寻找源节点到目的节点的路由和给这些路由分配波长的问题。RWA 问题解决的好坏直接影响到光路通信所需要的波长数和光路阻塞率这两个重要特性。研究RWA 问题的目的是尽可能减少所需要的波长数和降低光路链路请求的阻塞率。波分复用全光网络中的 RWA 问题类似于电路交换,但又不同于电路交换,它比电路交换多一个波长连续性的限制。在WDM 网络中,路由和波长分配算法的研究已经进行了许多年。在研究 RWA 问题的文献中,根据初始条件的不同可以分为动态 RWA 问题和静态 RWA 问题[35, 47, 99]。

静态 RWA 算法主要是为了解决网络的规划设计问题,一组光路请求在网络中一开始就被预订了,在预先给定一组光路请求的条件下,计算路由并且分配波长,这种计算可以是离线(off-line)的。我们所需要考虑的是从全局优化的角度对网络的资源进行优化配置来满足这些业务的需求。通常网络资源优化的目标不尽相同,比如:当网络节点之间的业务量确定时,每条光纤上需要多少波长才能满足这些业务量;或是光纤上的波长数目已经确定,需要多少条光纤才能满足需求。我们研究静态 RWA 问题的目的是最小化阻塞光路数与光路请求总数的比率,即光路阻塞率。一般说来,当网络的规模不是很大时,可以用整数线性规划的方法来进行研究。当网络的规模较大时,整数线性规划的方法就不能使用,需要一定的启发式(heuristic)算法来进行路由选择和波长分配。路由和波长分配的一般算法首先是按照最短路径(接入点间跨越波长路由节点的个数或接入节点间的距离)找出所有光路请求的路径,然后光路的波长分配采用的是试凑算法,在分配新波长前最大化每个已用波长的重用数。这种算法是基于只要存在未使用的波长,把每个给定的波长尽可能的分配给未被分配波长的光路。程序结束运行有两种可能:一种可能是所有的光路请求都已被分配波长,这种情况下的光路阻塞率为零。另一种可能就是所有的波长都已被用完,该情况下就存在一定的光路阻塞率。

动态 RWA 算法是指业务的到达是按逐条方式随机到达,业务经历一段连接时间后被拆除。其算法的优化目标是减低网络的阻塞概率。在动态 RWA 问题中接入节点间光路是按需建立的,即光路既可以被建立也可以被拆除,这相当于传统的电路交换网络中呼叫的建立和拆除。处理时一般假设光路请求的到达率服从泊松分布,光路的持续时间服从指数分布。动态 RWA 算法的解决方案可以分为两类:一类是把路由的寻找和波长的选择分开考虑,另一类是综合考虑路由的寻找和波长的选择问题。一般我们的求解步骤是:首先找到一个最好的路由(最短路由),然后决定是否有任何波长分配给这个路径。如果因为波长连续性限制没有任何波长能分配给这个路径,接着寻找第二最佳路由,如此下去。程序将重复多次直到找到一个连续波长光路或者因所有的路由都找不到可分配的波长而结束。这种算法对于存在多连续波长光路的大节点网络来讲计算量很大。

动态 RWA 问题和静态 RWA 问题的主要区别就在于:在静态业务下,其一组业务的分配顺序可变,同时不考虑业务的释放;动态业务是按业务到达顺序逐一分配,经过一段业务联系时间后,该业务被拆除。RWA 问题的研究对网络资源的利用,网络管理和控制都有极大的影响。国外近几年对全光网络的路由和波长分配问题的研究一直很热,并有不少算法报道,但总的来说,这些算法都用的是试凑

(Heuristic)算法[9, 94, 101]。路由选择和波长分配可以同时进行,也可以分步进行,路由选择和波长分配分开考虑时,对路由的选择需要仔细考虑,它对网络性能的影响比不同的波长分配方案要明显得多[97]。一般来讲,选择路由的方法可以分为:固定路由(FR),可选择路由(AR)和穷举路由(ER);波长分配的方法可以分为:最大使用(MU),最小使用(LU),固定次序分配(FR),随机分配(RN),首次命中(FF),波长预留(RSV)和保护门限(THR)[1, 82, 104],这些都是我们在研究中要使用的方法,下面我们分别加以介绍。

固定路由(Fixed Routing)算法:对每一个节点对来说,都有一个固定的路由,该路由是预先规定好的,一般选择节点之间的最短路由,比较常用的最短路径有效算法有弗洛伊德(Floyd)算法和迪克恰斯(Dijkstra)算法。这里的最短路径,就是将实际网络抽象后的逻辑拓扑中的最短路由。所谓的最短路由,实际上是指该路由所经过的各段链路的权重总和最小。权重在抽象的逻辑拓扑中虽然仅是一个单纯的数字,但在实际的应用中却具有相当多的具体意义,比方说光纤的长度、光纤的损耗、光纤的色散,甚至可以是跳数,以及各交换节点的性能也抽象进权重值之中,使该值所表示的意义更为综合和广泛。在本论文中如果不加说明的话,我们一般采用的是跳数最少。可见固定路由是非实时的,当一个链路请求到达该节点对时,就通过该路由。所以即使网络中的信息量的总的情况发生变化也不会影响路由请求的路由。该算法的特点是简单、速度快;缺点是当此条路由上的资源已被耗尽,则连接请求被阻塞,从而使阻塞率高。

可选择路由(Alternate Routing)算法:该算法的基本思想是对任意节点间预确定多条备用路由,即路由根据网络的状态动态的确定。对每一个节点对来讲,都有一个或多个路由可以选择,这些路由也是在非实时的情况下预先可以知道的,当一个链路请求到达时,只需要选择其中一个路由就可以了,一般采用自适应的选取一条最优路由并分配波长。适应性路由方案的实现目前有两类方法:一类是预先为节点对之间确定多条备用路由,当连接请求到达时,从备用路由中根据网络状态动态选择某一路由并将其确定为主用路由;另一类方法就是不预先为节点对确定被选路由,当连接请求到达时根据网络状态为其确定路由。

穷举路由(Exhaust Routing)算法:该算法表明路由的选择是没有限制的,当一个请求到达时,只要节点对之间存在可用的路由就可以了。

一般来说,一个好的路由选择算法应有以下的性质:

(1) 相对于故障和环境改变的健壮性(robustness),这就意味着当故障和通信条件改变时,算法必须调整路由选择。

(2) 路由选择决定的稳定性,如果一个小的改变可以导致路由决定的小的改变,则该路由算法是稳定的。

(3) 资源分配的公平性,如果一个路由选择算法对不同源和目的地的信息包以类似的推迟为结果,则该算法是公平的。

(4) 信息包最短传送时间的最优性,如果一个路由选择算法在满足设计要求时,能最大限度的满足网络设计者的目标,则该算法可以看作是最优的。

下面我们来分别介绍一下常用的波长分配算法:

最大使用(Most-Used)波长分配算法:将网络中链路上的波长的使用情况记录下来,当一个路由请求到达时,就选择最多次被使用过的波长来承载该路由请求。可见该算法必须知道整个网络的状态信息,因此适用于中心化的实现而不容易在分布式的实现中使用。使用该算法的目的是提供更多的机会给以后到达的具有波长连续性限制的路由请求。

最小使用(Least-used)波长分配算法:该算法和最大使用波长分配算法相反,所使用的波长是最少被使用过的波长。很直观的,最小使用算法应该比最大使用算法的路由短,即经过的跳少,从而可以为后来到达的路由请求提供更多可以使用的链路。同样的,该算法也必须预先知道整个网络的状态信息,适用于中心化的实现而不容易在分布式的实现中使用。

固定次序(Fixed-order)波长分配算法：所有的波长都被预先标记,并且对每个波长的使用是按照一定的标记次序来进行的,当一个路由请求到达时,按照标记的次序来选择最先空闲的波长。因此该算法不需要知道整个网络的状态,既适用于中心化的实现也适用于分布式的实现。

随机(Random)波长分配算法：所有的波长都被预先标记,对每个一波长的使用是随机的,这些标记的改变是等概率的。该算法也不需要知道整个网络的状态,和固定次序算法一样,既适用于中心化的实现也适用于分布式的实现。

首次命中(First-fit)波长分配算法：在网络的规划阶段,所有的波长都被统一编号,该编号可以按波长的大小顺序编号,也可以随机编号,一般按波长数目的多少顺序编号,接着选用可用波长集中编号最小的波长来建立光路。同随机分配算法一样,首次命中算法也不考当前的网络状态,由于是按顺序检查波长集合,将发现的第一个空闲波长分配给请求。目前的研究表明,首次命中算法的阻塞性能要好于随机分配算法。

波长预留(Wavelength reservation)算法：把链路上的部分波长预留给具有多个跳的光路,该算法可以降低多跳光路的阻塞率,但是却很容易导致整个网络的阻塞性能的下降。

保护门限(Threshold protection)算法：在链路上设置某个门限值,当空闲波长数目大于这个门限值时才可以分配给单跳光路。该算法在改善公平性的同时可以使网络的性能不至于下降太多。

综合考虑路由的波长分配算法是目前性能最佳的算法。将网络的物理拓扑转化为分层图[14],分层图的每一层对应于一个波长,其拓扑与网络物理拓扑一样,这样物理拓扑中的一个节点可以映射成分层中的 W 个节点,其中 W 为链路上的波长数。简单描述如下：对给定的 WDM 光网络,定义网络的拓扑 $N(R, A, L, W)$,其中 R 是网络中波长路由器节点集合,A 是接入节点,L 是无向链路。分层图模型可以看作是一个有向图,(V, E) 可以从给定的网络拓扑 N 中得到。

在 N 中，每个节点 $i \in R$ 被复制 W 次，分别表示为 v_i^1, v_i^2, $\cdots$, $v_i^W \in V$。当链路 $l \in L$ 连接路由节点 i 和 j 时，其中 i, $j \in R$，则节点 v_i^k, $v_j^k (1 \leqslant k \leqslant W)$ 由有向边相连。如果节点 $a \in A$ 和路由器 k，则在分层图 $G(V, E)$ 中，每个接入节点 a 都被分解成两个节点，一个代表业务产生部分，另一个代表业务接收部分。这两个节点可用 v_a^s, $v_a^d(\in V)$ 来表示，从 v_a^s 到 v_k^1, $\cdots$, $v_k^W(\in V)$ 有向边和从 v_k^1, $\cdots$, $v_k^W(\in V)$ 到 v_a^d 的有向边可以被加入到分层图 $G(V, E)$ 中。这样分层图中的顶点数目为：$|v| = |R| \times |W| + 2|A|$，边的数目为：$|E| = a|L| \times |W|$。RWA 问题就可以转化为分层图中寻找最短路由的问题，可以在同一波长层面内完成路由的选择，即选择在不同的波长层面进行。实验证明，分层图在解决 RWA 问题时性能最佳。但是，综合解决 RWA 问题的算法的复杂度太高，对于大型网络和目前波长数目不断增加的链路，分层图的方法并不是和适用，需要研究复杂度相应降低的综合解决 RWA 问题的方法。尽管如此，我们在这里仍然给出分层图模型下的静态和动态 RWA 问题的数学表示：

对于静态 RWA 问题：设 M 是一列给定的源-目的地节点对，令 $f(s_n, d_n)$，$n = 1$, $\cdots$, $|M|$ 代表请求 n 从访问节点路由器 s_n 到 d_n 函数，可以表示为：

$$f(s_n, d_n) = \begin{cases} 1 & \text{如果存在从 } s_n \text{ 到 } d_n \text{ 的光路,} \\ 0 & \text{否则} \end{cases}$$

令 x_{ij}^n 代表请求 n 在边 $e_{ij} \in E$ 上的函数，可以表示为：

$$x_{ij}^n = \begin{cases} 1 & \text{如果请求 } n \text{ 被分配到边 } e_{ij} \text{ 上,} \\ 0 & \text{否则} \end{cases}$$

从而静态 RWA 问题可以表示如下：

$$\max \sum_{n=1}^{|M|} f(s_n, d_n)$$

$$s.t. \sum_{i \in V} x_{ij}^n \sum_{k \in V} x_{jk}^n = \begin{cases} f(s_n, d_n) & \text{如果 } j = d_n \\ -f(s_n, d_n) & \text{如果 } j = s_n \\ 0 & \text{否则} \end{cases}$$

$$\sum_{n=1}^{|M|} x_{ij}^n \leqslant 1 \quad \text{对任意的 } i, j$$

$$x_{ij}^n \geqslant 0 \quad \text{对任意的 } i, j$$

对于动态 RWA 问题：如果假定每条光纤链路 $l \in L$ 的成本为 $c(l)$，当然我们这里的成本的意思可以随实际的要求而定，令 B 代表在 N 上已经建立的光路，$M = \{m = (s_i, d_i), s_i, d_i \in A\}$ 代表在时间 t 新的光路建立请求，令 C_p 代表从节点 s 到节点 d 的最小成本花费，可以表示如下：

$$C_p = \min \sum_{i, j \in A, k \in W} c(e_{ij}^k) \cdot x_{ij}^k$$

$$s.t. \sum_{j \in V} x_{ij}^k - \sum_{j \in V} x_{ji}^k = \begin{cases} 1 & \text{如果 } i = s \\ -1 & \text{如果 } i = d \\ 0 & \text{否则} \end{cases}$$

$$x_{ij}^k \geqslant 0 \quad \text{对任意的 } i, j$$

§2.5　任播介绍

　　anycast(任播服务)是一种点到点的网络服务，它的最初定义出现在 1993 年的 RFC1546[15]，将一组提供某种服务的主机用一个地址标识，该地址为任播地址，目的地址为该任播地址的数据包将被投递给这组主机中的一台。这是一种无状态的、best-effort 的网络层投递服务，所谓无状态的连接服务，就是将任播数据包传递给到最近的服务起，而路由过程中不依赖于以前的数据包。简单来说，任播(传播无限、任播)是指信息从一个源节点可以传送给一组指定的目标节点中的任何一个，是未来数字化的新梦想。在无限传播的世界里，人们可以实现跨越空间限制的信息的交流和共享,这是在 2001 年的 BIRTV 展览会上,Sony 公司为每位来宾描绘的精彩未来。在无限传播的世界里,人们可以实现跨越时空限制的信息的交流和共享。它包括两方面的含义:一方面,各个电视台、制作公司、数据中心、宽带网络公司将打破时间和地点的限制,通过无限广播网络、有线广播网络、卫星播送通道和宽带网络通道,将高质量的视频节目、音频节目、数据信息、静止图像等丰富多彩的信息内容传递出去;另一方面,在信息接受端的广大用户也可以根据自己的喜好,通过各种设备和方式(如交互式电视、视频点播、音乐下载和联网游戏)选择性地接收或反馈这些信息,真正实现信息内容的交互式传递和共享[5]。在 $IPv6$[1]中任播被定义为一种标准的网络服务,它获得了越来越广泛的应用,已成为一种十分重要的网络服务。它不同于单播,它通过对一组服务赋予相同的任播地址,客户从中选出离他最近的服务。实际中许多应用要求用任播服务,它的一个典型的应用就是利用任播的概念,用户可以方便地从一组镜像站中选出离它最近的站点进行通信,这样可以很好地提高网络性能。任播是一种非常有用的服务,在许多应用领域都发挥着重要的作用,例如网上交易,网上银行,下载,上载等等,使用任播服务可以极大地简化这些申请。一个任播流是指一个数据包序列,这个包序列可以被送到一组指定接收器中的任何一个。传统的单播流是任播流的特殊形式,即任播流的目的地节点的数目为一。

提出任播服务的最初动机是希望简化最合适服务器的查找任务。例如,用户在玩一个网络游戏之前往往需要在一个游戏网站地址列表中进行选择。这种用户参与的选择比较盲目,用户一般也比较难于选择出最合适的服务器,结果造成服务效率的降低,同时用户也感觉不方便。有了任播服务之后,这些游戏服务器的选择直接由 IP 网络完成。这些游戏服务器使用同一个任播地址,用户的应用程序直接连接这个地址,就能够连接到最近的服务器。这样既方便了用户,又提高了性能。类似地,镜像 ftp 可以共享一个任播地址,用户只需要 ftp 到该任播地址,就能到达最近的服务器[15]。用户还可以直接使用任播地址从最近的复制服务器上下载文件(例如,天气信息、股票报价等等)。NTP(Network Time Protocol)是一个典型的复制服务的例子,其所有的服务器都提供一样的功能[17]。任播能够使这种服务更加可用,而且还能有效地分摊网络中不同链路的负载[22]。随着网络新应用、新服务的不断涌现,对它的需求也在不断增长。但是,它的研究才刚刚起步,在许多方面还存在着制约这种服务实施的问题,急需研究人员解决。总的来说,任播的特点有[44, 45]:

(1)可以节约路由和链路资源,数据包通过最短路径发送到任播地址中离它最近的组员。

(2)简化配置,用户只需要配置一个任播地址,就可以从一组服务中获得服务。

(3)提供了一种弹性服务,如果任播组中正在提供服务的组员由于某种原因断开了,可通过任播路由在其他组员中找到离用户最近的组员继续提供服务,这样很大地保证了服务的可靠性。

(4)有利于网络的负荷平衡:将任播和单播以及组播比较,不难发现单播和组播在路由过程中多个点选择同一段路由的可能性很大,是网络负荷不平衡,容易造成阻塞。而任播在很大程度上减轻了这种不平衡。

(5)任播可以与组播结合使用,用来改进组播的路由算法。

(6)提供一种最近的机制,与服务定位协议 SLP 比较可以获得更好的服务效率。

§2.6 WDM 网络中静态任播流的路由和波长分配

§2.6.1 网络模型

现在我们考虑一个波长路由 WDM 网络,该网络组成是这样的:网络节点由 WDM 链路连接着,用图 $G = (V, E)$ 来代表该网络,其中 $V = \{v_1, v_2, \cdots, v_N\}$ 是顶点集,代表着网络节点,E 是边集,代表着

网络中节点到节点的有向通信链路集合。节点和链路的数目分别为 $N=|V|,M=|E|$。因为 WDM 链路包含一对双向的光纤链路,我们可以考虑有向图,其中 $l(i,j)$ 和 $l(j,i)$ 代表一对方向相反的,连接节点 i 和节点 j 的单向链路,其中 $(i,j=v_1,v_2,\cdots,v_N)$。如果 $l(i,j)\in E$,则在节点 i 和节点 j 之间存在一条光纤链路,且 $l(i,j)=l(j,i)=1$。

令 $A=\{A_1,A_2,\cdots,A_k\}$ 代表可以在该网络中提供相同服务的任播组。因为一个任播请求可以以 A 中的任意一个作为目的地节点,我们可以用 $a=(s,A)$ 来代表这样一个请求,其中 $s\in V$。为了使该请求可以到达其目的地,我们必须选择合适的目的地节点并且为其分配光路。令 R 代表一列任播请求且 $R=\{a_1,a_2,\cdots,a_H\}$。

§2.6.2 ARWA 问题

我们假定网络 $G=(V,E)$ 具有波长连续性限制,在该网络中,每一个网络节点都提供相同的服务。给定一列任播请求 $R,H=|R|$,我们需要为每一个请求提供服务,即为其找到路径。令 $P=\{p_1,p_2,\cdots,p_H\}$ 代表可能的路径集,其中 p_i 是请求 a_i 所对应的路径。在波长连续性限制下,我们应该为找到的每一个路径分配波长,那么,满足所有的任播请求的最少的波长数目是多少呢?

ARWA(anycast routing and wavelength assignment)问题可以被分解成两个问题来分别解决:任播路径选择问题(AR)和波长分配问题(WA)。当 AR 问题被解决后,可以为任播请求 $a=(s,A)$ 找到一条路径 p。然后再解决 WA 问题,解决 WA 问题的目的就是最小化支持光路路径 P 的 AR 问题的最少波长数目。在[21]中已经证明了 WA 问题是 NP-完全的。我们将用探索式的算法来解决 ARWA 问题。首先我们引入几个方法来解决路径选择(PS)问题,然后再提出几个算法将 PS 问题和 WA 问题结合起来来解决 ARWA 问题。

§2.6.3 路径选择方法

为了解决路径选择这一问题,我们引入了三个方法:

方法一：无偏差的权

对一个任播请求，令 $p(s, A_i)$ 代表用最短路径算法所得到的从源 s 到目的地 A_i 的路由，其中 $i = 1, 2, \cdots, k$。最短路径算法可以和单播请求中的一样定义，无偏差的权方法意味着为 s 选择路径 p 是对所有的目的地节点的选择具有相同的概率，即对每个路径 $p(s, A_i)$ 的选择均具有相同的概率 $\dfrac{1}{k}$。

方法二：有偏差的权

事实上，在实际情况中，任播请求的目的地节点可以分布在不同的地点，因此，在 WDM 网络中的路径选择中，我们需要考虑跳的数目（距离）。对一个以 s 为源的任播请求 $a \in A$，存在 k 个到目的地节点 A_i 的最短路径 $p(A_i)$，其中 $i = 1, 2, \cdots, k$。距离可以通过著名的 Dijkstra 最短路径算法来得到，令 $D(p(A_i))$ 代表路径 $p(A_i)$ 上的跳的数目，$W(p(A_i))$ 为路径 $p(A_i)$ 上的权，则

$$W(p(A_i)) = \frac{\dfrac{1}{D(p(A_i))^r}}{\sum\limits_{j=1}^{k} \dfrac{1}{D(p(A_j))^r}} \tag{2.6.1}$$

其中 r 为非负实数，用来描述路由方法的性质和每个路由的权。一个有意思的现象就是当 $r = 0$ 时，该方法就是无偏差的权方法；当 $r = 1$ 时，就是具有静态距离的有偏差的权，在我们的算法中将分别考虑这两种情况。

方法三：控制最大链路负荷

在这种方法中，我们将尽力来最小化每个链路上的最大链路负荷。应用计数因子来记录在给定的时间间隔内每个链路被使用的次数，令 $C(i, j)$ 代表链路 $l(i, j)$，$i \neq j$ 所对应的计数因子，即 $C(i, j)$ 为使用次数。因此，路径 p 每次被任播请求所占用时，$(i, j) \in P$，则 $C(i, j) := C(i, j) + 1$。我们设定一个最大 $C_{\max}$。在路径选择方法

中,具有最大链路负荷 $C_{max} = \max\{C(i, j) \mid i, j = v_1, v_2, \cdots, v_N\}$ 的链路将不被考虑,我们将考虑每个链路上的负荷。

§2.6.4 我们的算法

UWNC 算法(无偏差的权且不控制最大链路负荷)

该算法只使用方法一,对每一个任播请求 $a(s, A)$,该算法以相同的概率找到一个路径 p 并且对一列任播请求 R 找到一列路径 P。因为每个路由均是由相同的概率得到的且该算法不控制最大链路负荷,很显然 UWNC 算法并不能有效地平衡网络负荷。

BWNC 算法(有偏差的权且不控制最大链路负荷)

该算法和 UWNC 算法很相似,只不过该算法使用方法二来找到路由。由于该算法考虑到每个不同路径所占用的跳的数目并且可以为最短的路径提供较高的被选择的概率,因此该算法可以比 UWNC 算法的效果好。

BWC 算法:有偏差的权和控制最大链路负荷

Input   一列任播请求 $R = \{a_1, a_2, \cdots, a_H\}$;

Output   一列具有给定波长的路径 $P = \{p_1, p_2, \cdots, p_H\}$;

Step 1   应用方法二和方法三对一列任播请求 R 找到一列路径 $P = \{p_1, p_2, \cdots, p_H\}$;

　　　　　初始化,对所有的 $C(i, j): = 0$ 和 $C_{max}: = 1$;

　　　　　当 $(R \neq \{\})$,开始

1.1   从 R 中选择一个任播请求 a 并且将其从 R 中去掉;

　　　　　Repeat 1.2—1.4 直到一个路径被发现

1.2   将网络 $G(V, E)$ 中所有具有 $C(i, j) = C_{max}$ 的路径去掉,则得到新的网络 $G'(V, E)$;

1.3   在网络 $G'(V, E)$ 中应用方法二为任播请求发现路径;

1.4   如果在网络 $G'(V, E)$ 中没有找到合适的路径,则 $C_{max} = C_{max} + 1$;

1.5   将该路径加入到路径集 P 中。

　　　　　end While

Step 2   应用[76]中的图上色方法得到一个探索似的方法为路径 P 分配波长。

UWC算法(无偏差的权且控制最大链路负荷)

该算法在路径选择上既使用方法一也使用方法三,通过使用方法三,该算法可以控制最大链路负荷到一定的程度上。

BWC算法(有偏差的权且控制最大链路负荷)

该算法使用方法二和方法三来进行路径选择。

显然,BWNC算法综合考虑了目的地选择应该有偏差以及最大连路负荷的影响,应该比其他三个算法的效果更好,我们也将在下面一节中通过计算机模拟来验证这一点。

§2.6.5　模拟结果和分析

模拟环境

我们的模拟将会在两个网络拓扑结构下进行,通过模拟我们将会说明 BWC算法比其他的算法更有效。这两个网络拓扑结构中的第一个为 MCI ISP 骨干网[21],该骨干网是一个典型的网络模型,共有 19 个网络节点由光纤相互连接着。我们将会用模拟来说明请求和波长使用之间的关系,像图 2.6.1 中所示的一样,任播请求的目的地节点为节点 5,7,12,18 和 19。第二个网络拓扑是一个用随机的方法所产生的网络[12],该网络可以代表一个大的稀疏网络,100 个网络节点随机地分布在一个长方形的并列的格子点中,每个节点都位于整数坐标上。节点 u 和 v 以概率 $P(u, v) = \lambda\exp(- p(u, v)/\gamma\delta)$,$0 < \lambda$,$\gamma \leqslant 1$ 相连接,其中 $p(u, v)$ 是节点 u 和 v 之间的距离,δ 是任意节点之间的最大距离。δ 越大就表明该网络连接越密,δ 越小表明增加了短的路径被选择的机会。在我们的模拟中,产生的图中的节点的平均度为 5.2,且有不同的 γ 和 $\delta = 0.9$。我们从 V 中随机的选择五个节点来组成任播目的地组 A。

在模拟中,任播请求的产生也是随机产生的。对任意的任播请求 $a(s, A)$,节点 s 是从 G 中随机选取的,并且该节点不在 A 中。对每一个模拟数据我们都是通过运行 10 000 次来得到的,并且对算法 BWC,BWNC,UWC,UWNC 的结果用图形来表示进行比较,图形中所使用的

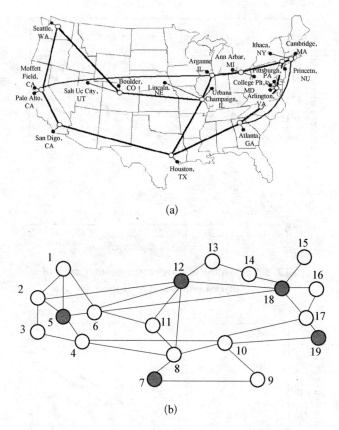

(a)

(b)

图 2.6.1　The backbone network of the MCI ISP.

波长的数目的得到也是通过运行 10 000 次来得到的。

　　我们分别运行算法 BWC,BWNC,UWC,UWNC,所得到的结果如图 2.6.2,2.6.3,2.6.4 和 2.6.5 所示,通过观察,我们可以得到如下结论:

● 最大链路负荷和波长数目曲线具有相同的趋势,在我们的算法中,我们可以通过控制最大链路负荷来减少任播请求所使用的波长数目。

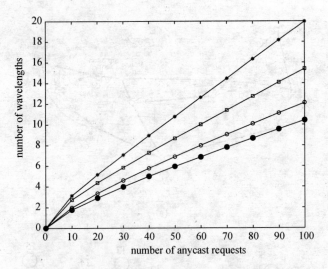

图 2.6.2 **Number of wavelengths versus number of anycast requests in MCI ISP topology.**

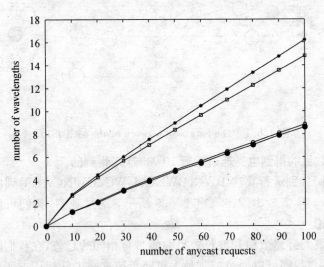

图 2.6.3 **Number of wavelengths versus number of anycast requests in randomly generated topology with average nodes degrees of 5.2.**

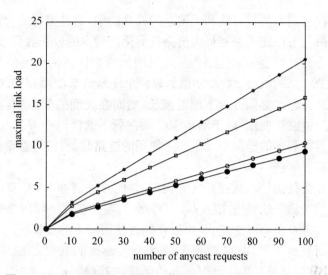

**图 2.6.4   Maximal link loads versus number of anycast requests
in MCI ISP topology.**

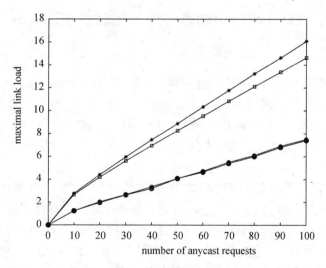

**图 2.6.5   Maximal link loads versus number of anycast requests in randomly
generated topology with average nodes degrees of 5.2.**

● 在有偏差的权算法和无偏差的权算法中,通过控制最大链路负荷均可以比不控制最大链路负荷使用较少的波长数目,这是因为通过控制最大链路负荷可以增加两个任播请求不使用同一个链路的机会。我们知道如果两个任播请求使用相同的链路,那么它们必须分配不同的波长,然而在我们的模拟中,如果一个链路被使用,以下的请求必须在剩下的链路中寻找其路由,当在剩下的链路中找不到可使用的链路时,我们将会重新使用所有的链路。

● 在为任播请求寻找路由时,有偏差的算法例如 BWC 算法比无偏差的算法[21]的结果好。因为有偏差的权算法将网络拓扑和信息量负荷考虑进去,可以在同时使用较少的波长。

● 当节点的平均度,即每个节点上的链路的数目增加时,算法BWC 就波长使用情况比其他的算法获得好的结果,当节点的度增加时,可以为任播请求提供更多的选择空间。

§2.7 WDM 网络中动态任播流的路由和波长分配

§2.7.1 网络模型和算法

用图 $G = (V, E)$ 来代表 WDM 网络,其中 $V = \{v_1, v_2, \cdots, v_N\}$ 是一列顶点代表网络节点,E 是边集代表光纤链路。节点和链路的数目分别为 $N = |V|$ 和 $L = |E|$,因为 WDM 链路包含一对单向的光纤链路,我们考虑有向图,其中,$l(i, j)$ 和 $l(j, i)$ 代表连接节点 i 和 $j(i, j = v_1, v_2, \cdots, v_N)$ 的一对方向相反的单向链路且 $l(i, j) = l(j, i) = 1$,每个链路正好包含 W 个波长。令 $S \in V$ 是任播请求集,$G(A) \in V$ 是任意的目的地集。假定到达源 $s \in S$ 的任播请求服从参数为 λ_s 的泊松过程,且 (s, d) 是从源 s 到目的地 $d \in G(A)$ 所选的路由。当路由 (s, d) 上的任何链路上均没有可使用的波长时,该任播请求被阻塞并且被丢失掉,这就是波长连续性限制,但是该波长连续性限制会增加网络的阻塞率。否则该任播请求将会被连接并且在请求

的维持周期内瞬时占用链路 j 上的 $A_{j(s,d)}$ 波长，$j=1,2,\cdots,J$，其中 $A_{j(s,d)}$ 是一个 0-1 矩阵，即当 $j\in(s,d)$ 时，$A_{j(s,d)}=1$。在路由 (s,d) 上，从源 s 出发的任播请求的维持间隔是服从单位均值的指数分布。因此动态的 ARWA 问题也可以分为 (a) 找到从源节点到目的地节点的路由，(b) 为这些路由分配波长。

在没有波长变换的 WDM 网络中，需要改进公式来满足波长连续性的限制，由于在一条路径上的所有链路上都必须使用相同的波长，不同的路径意味着不同的波长，因此路径的选择和波长分配问题具有紧密关系。

因为波长数目是有限的，在每个进入节点对之间建立一个跳的路径的可能性不大[10]，因而有必要在通讯节点对之间建立多个跳的路径。一般来说，跳数越多的连接被阻塞的概率会大于跳数小的连接，这是很直观的事实，受该事实以及在[61]中讨论的启发，我们可以引入如下有偏差的权算法：对任波请求 $a\in R$，有 k 个具有不同距离的路径 $p(A_i)$ 可以到达目的地 A_i，距离的建立是通过我们可以通过著名的 Dijkstra 最短路径算法建立具有不同距离的路径，其中 $i=1,2,\cdots,k$。令 $D(p(A_i))$ 代表在路径 $p(A_i)$ 上跳的数目，$W(p(A_i))$ 代表在路径 $p(A_i)$ 上分配的权，则我们有：

$$W(p(A_i))=\frac{\dfrac{1}{D(p(A_i))^r}}{\sum_{j=1}^{k}\dfrac{1}{D(p(A_j))^r}} \tag{2.7.1}$$

其中 r 为非负实数，用来描述路由方法的性质和每个路由的权。当 $r=0$ 时，该方法就是无偏差的权方法；当 $r=1$ 时，就是具有静态距离的有偏差的权。

在[61]中建立了路由选择的三个方法，UWNC，BWNC，UWC，BWC 算法也分别得到建立，和静态情形一样，我们也可以建立并得到四个相似的算法，下面我们只描述动态任播流的 BWC 算法。

§2.7.2　模拟结果和分析

和第 2.6.5 节一样,我们的模拟也是在两个拓扑结构下进行的:
MCI ISP 骨干网[21],共有 19 个网络节点由光纤相互连接着。任播请
求的目的地节点也为节点 5,7,12,18 和 19。第二个网络拓扑是一
个用随机的方法所产生的网络[12],该网络可以代表一个大的稀疏网
络,100 个网络节点随机的分布在一个长方形的并列的格子点中,每
个节点都位于整数坐标上。节点 u 和 v 以概率 $P(u, v) = \lambda\exp(-p(u, v)/\gamma\delta)$,$0 < \lambda$,$\gamma \leqslant 1$ 相连接,其中 $p(u, v)$ 是节点 u 和 v 之间
的距离,δ 是任意节点之间的最大距离。δ 越大就表明该网络连接越
密,δ 越小表明增加了短的路径被选择的机会。在我们的模拟中,产生
的图中的节点的平均度为 5.2,且有不同的 γ 和 $\delta = 0.9$。我们从 V 中随
机地选择五个节点来组成任播目的地组 A。我们假定到达网络的任播
请求服从参数为 r(任播请求数/单位时间)的泊松分布,任播请求的维
持周期是服从单位均值的指数分布。一旦一个路由请求到达时没有可
用的路由或波长,该请求就丢失并且不能被重新路由,我们分别运行算
法 BWC, BWNC, UWC, UWNC,结果如图 2.7.1 和 2.7.2 所示。通过
观察,我们可以得到如下结论:

BWC 算法:有偏差的权并且控制最大链路负荷

Step 1　等待一个任播请求。

　　　　如果是一个光路建立请求,则转到 step 2。

　　　　如果是光路释放请求,则转到 step 3。

Step 2　初始化,对所有的 $C(i, j)$: $= 0$ 和 $C_{\max} = 1$。

　2.1　将网络 $G(V, E)$ 中所有具有 $C(i, j) = C_{\max}$ 的链路去掉,产生新的网络
　　　　图 $G'(V, E)$;

　2.2　通过使用方法二为这个任播请求寻找一个路径(如同网络 $G'(V, E)^{[61]}$);

　2.3　如果在网络 $G'(V, E)$ 中没有可用的路径,那么 $C_{\max} = C_{\max} + 1$;

　2.4　将这个路径加入到路径集 P 中;

　2.5　使用最大优先算法为每个路径分配波长。

Step 3　释放光路然后转到 step 2。

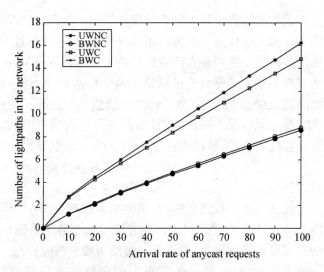

图 2.7.1　**Number of wavelengths versus arrival rate of anycast requests in MCI ISP topology.**

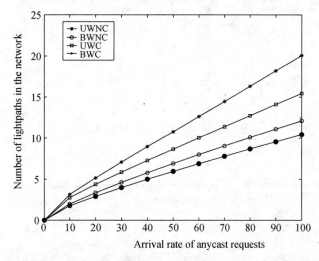

图 2.7.2　**Number of wavelengths versus arrival rate of anycast requests in randomly generated topology with average nodes degree of 5.2.**

- 在有偏差的权算法和无偏差的权算法中,可以通过控制最大链路负荷来减少任播请求所使用的波长数目,并且通过控制最大链路负荷比不控制最大链路负荷使用的波长数目少,这是因为通过控制最大链路负荷可以增加两个任播请求不使用同一个链路的机会。我们知道如果两个任播请求使用相同的链路,那么它们必须分配不同的波长,然而在我们的模拟中,如果一个链路被使用,以下的请求必须在剩下的链路中寻找其路由,当在剩下的链路中找不到可使用的链路时,我们将会重新使用所有的链路。

- 在为任播请求寻找路由时,有偏差的算法例如 BWC 算法比无偏差的算法[21]的结果好。因此有偏差的权算法将网络拓扑和信息量负荷考虑进去,可以在同时使用较少的波长。

- 当节点的平均度,即每个节点上的链路的数目增加时,算法 BWC 就波长使用情况比其他的算法获得好的结果,当节点的度增加时,可以为任播请求提供更多的选择空间。

第三章 马氏过程若干知识

本章主要介绍马氏过程、可逆性和 Kolmogorov 准则,这些都是我们在下面的研究中要用到的主要工具,另外在本章中,我们也给出了判断马氏过程常返性的一个充分必要条件,在此基础上给出了一个简单定理来判断马氏链平稳分布是否存在,本章可以看作是后两章数学分析的基础。本章作者主要参考了[23,36,59,65,98]。

§3.1 马氏过程

在本文中,我们只考虑离散状态的随机过程。不妨设随机过程 $X = \{x(t), t \in T\}$ 是定义在完备概率空间 $(\Omega, \mathcal{F}, P)$ 上,相空间为 $E = (0, 1, \cdots)$,T 为指标集,T 可以是任意集合,我们一般取 $T = \{0, 1, \cdots\}$,此时称为离散时间的随机过程;或 $T = [0, +\infty)$,此时称为连续时间的随机过程。我们知道马尔可夫过程是一类重要的随机过程,它的原始模型马尔可夫链,由俄国数学家 A. A. 马尔可夫于 1906 年最早提出。通俗地讲,可以认为它是"相互独立性"的一种自然推广。所谓马尔可夫性可以用下列直观语言来刻画:在已知系统目前的状态(现在)的条件下,它未来的演变(将来)不依赖于它以前的演变(过去),简言之,在已知"现在"的条件下,"将来"与"过去"无关,具有这种特性的随机过程称为马尔可夫过程。下面我们分别给出离散时间和连续时间马氏链的定义:

定义 3.1.1 称定义的概率空间 $(\Omega, \mathcal{F}, P)$ 上的随机序列 x_0,x_1, $\cdots$ 为离散时间的马尔可夫链,如果它满足下列两条件:

(1) $\{x_n, n = 0, 1, \cdots\}$ 的状态空间 E 为可列集;

(2) 对任意的 n 及状态 $i_0, i_1, \cdots, i_{n+1}$,只要 $P(x_0 = i_0, x_1 =$

$i_1, \cdots, x_n = i_n) > 0$，就有

$$P(x_{n+1} = i_{n+1} \mid x_0 = i_0, x_1 = i_1, \cdots, x_n = i_n)$$
$$= P(x_{n+1} = i_{n+1} \mid x_n = i_n) \qquad (3.1.1)$$

条件(2)称为马尔可夫性(或无后效性)，它是马氏链的特性。

定义 3.1.2 马氏链 $X = \{x_n, n \geqslant 0\}$ 称为齐次的，如果对任意的 m 和 n 及任意状态 i 和 j，只要 $P(x_n = i) > 0$, $P(x_m = i) > 0$，就有

$$P(x_{n+1} = j \mid x_n = i) = P(x_{m+1} = j \mid x_m = i) \qquad (3.1.2)$$

在齐次的情形，记 $p_{ij} = P(x_{n+1} = j \mid x_n = i)$，并称 p_{ij} 为马氏链的转移概率，由 p_{ij}, $i, j \in E$ 为元素所成的矩阵 $P = (p_{ij})$ 称为马氏链的转移矩阵。转移概率是齐次马氏链最重要的特征量。

定义 3.1.3 设齐次马氏链 $\{x_n\}$ 的转移概率矩阵为 (p_{ij})，称 $p_{ij}^{(n)} = P(x_n = j \mid x_0 = i)$ 为 n 步转移概率，

$$f_{ij}^{(n)} = P(x_n = j, x_k \neq j, k = 1, 2, \cdots, n-1 \mid x_0 = i)$$

为从状态 i 出发，经过 n 步首次到达状态 j 的概率。

显然 $f_{ij}^{(n)}$ 和 $p_{ij}^{(n)}$ 存在如下关系：$p_{ij}^{(n)} = \sum_{k=1}^{n} f_{ij}^{(k)} p_{jj}^{(n-k)}$。令 $f_{ij} = \sum_{n=1}^{\infty} f_{ij}^{(n)}$，则 f_{ij} 为自状态 i 出发迟早要到达状态 j 的概率，或从状态 i 出发至少到达状态 j 一次的概率。令 $\mu_{ij} = \sum_{n=1}^{\infty} n f_{ij}^{(n)}$，若 $f_{ij} = 1$，则 μ_{ij} 可视为自状态 i 出发初次到达状态 j 所走步数的数学期望，特别的，$\mu_{ii} = \mu_i$ 称为 i 的平均回转时间。

定义 3.1.4 (i) 如果 $f_{jj} = 1$，则称 j 为常返的，$f_{jj} < 1$，称 j 为非常返的；(ii) $f_{jj} = 1$, $\mu_j = +\infty$，称 j 为零常返的，$f_{jj} = 1$, $\mu_j < +\infty$，称 j 为正常返的；(iii) 称 j 有周期 d，如果 $(n: p_{jj}^{(n)} > 0)$ 的最大公约数为 d，通常把 $d > 1$ 称为周期的，$d = 1$ 称为非周期的；(iv) 非周期的正常返的状态称为遍历状态，相应的，不可约非周期正常返的马氏链称

为遍历链。

另外,如果马氏链的状态空间 E 中的任何两个状态可互达,则称该马氏链是不可分的,所谓 i, j 可互达,是指 $\exists m$, n,使得 $p_{ij}^{(n)} > 0$, $p_{ji}^{(m)} > 0$。

下面我们给出判断离散时间马氏链常返性的简单方法,设 j 是马氏链的任一状态,我们首先给出两个引理,参见[59]。

引理 3.1.1 j 为非常返的 $\Longleftrightarrow \sum\limits_{n=1}^{\infty} p_{jj}^{(n)} < +\infty$。

引理 3.1.2 j 为常返的,且周期为 d,则 $\lim\limits_{n\to\infty} p_{jj}^{(nd)} = d/\mu_j$,其中 μ_j 为 j 的平均回返时间。

下面给出我们的定理:

定理 3.1 (1) $p_{jj}^{(n)} \to d_j > 0 \Longleftrightarrow j$ 为正常返的且周期为 1,即为遍历的;(2) $p_{jj}^{(n)}$ 的极限不存在 $\Longleftrightarrow j$ 一定是正常返周期的;(3) $p_{jj}^{(n)} \to 0 \Longleftrightarrow j$ 一定是非常返或零常返的。

证明 首先证明(1):先证必要性:显然 j 一定不是非常返的,因为若 j 是非常返的,由引理 3.1.1 知

$$\sum_{n=1}^{\infty} p_{jj}^{(n)} < +\infty$$

从而有

$$p_{jj}^{(n)} \to 0 \ (n \to \infty)$$

此与 $p_{jj}^{(n)} \to d_j > 0$ 矛盾;另外 j 也一定不是零常返的,这是因为若 j 是零常返的,则 $\mu_j = \infty$,由引理 3.1.2 知

$$\lim_{n\to\infty} p_{jj}^{(n)} = d/\mu_j = 0$$

此与 $p_{jj}^{(n)} \to d_j > 0$ 矛盾。从而可知 j 是正常返的,下面只需要证明周期 $d = 1$ 即可。事实上,若周期 $d > 1$,则当 $0 < r < d$ 时有 $p_{jj}^{(nd+r)} = 0$,从而有

$$\lim_{n\to\infty} p_{jj}^{(nd+r)} = 0$$

此与 $p_{jj}^{(n)} \to d_j > 0$ 矛盾,从而 j 为正常返的且周期为 1,即为遍历的。

下证充分性:j 为正常返的,则 $\mu_j < +\infty$,由引理 3.1.2 知 $\lim_{n\to\infty} p_{jj}^{(nd)} = \lim_{n\to\infty} p_{jj}^{(n)} = 1/\mu_j > 0$。

证(2):必要性:由(1)的证明知 j 不是非常返的,下证 j 不是零常返的即可,事实上,若 j 为零常返的,则可以证明 $d = 1$ 和 $d > 1$ 这两种情况都是不可能的。因为若 $d = 1$,则由引理 3.1.2 知 $\lim_{n\to\infty} p_{jj}^{(n)} = 1/\mu_j = 0$,此与极限不存在矛盾;若 $d > 1$,由引理 3.1.2 知 $\lim_{n\to\infty} p_{jj}^{(nd)} = d/\mu_j = 0$ 且当 $0 < r < d$ 时,$p_{jj}^{(nd+r)} = 0$,从而 $\lim_{n\to\infty} p_{jj}^{(n)} = 0$ 也与极限不存在矛盾,这就可以证明 j 是正常返的且由(1)可知是周期的。

充分性:因为 j 为正常返且周期 $d > 1$,由引理 3.1.2 知 $\lim_{n\to\infty} p_{jj}^{(nd)} = d/\mu_j > 0$,而当 $0 < r < d$ 时,$p_{jj}^{(nd+r)} = 0$,从而 $p_{jj}^{(n)}$ 的极限不存在。

我们证明了(1)(2)后,(3)就是很显然的了。

引理 3.1.3 (遍历定理)当马氏链为不可分,正常返且非周期时,有对 $\forall i, j \in E$,使 $\lim_{n\to\infty} p_{ij}^{(n)} = \alpha_j > 0$,其中 α_j 与 i 无关。

定义 3.1.5 设 (p_{ij}) 为马氏链的转移矩阵,如果非负数列 $\{\pi_j\}$ 满足

$$\sum_{j \in E} \pi_j = 1, \ \pi_j = \sum_{i \in E} \pi_i p_{ij}, \ j \in E \qquad (3.1.3)$$

则称 $\{\pi_j\}$ 为马氏链的平稳分布。

定理 3.2 不可分非周期的马氏链 X 没有平稳分布的充要条件是对 $\forall i, j \in E$,有 $\lim_{n\to\infty} p_{ij}^{(n)} = 0$。

证明 先证必要性:我们只需要证明 X 不是正常返的,因为若 X 不是正常返的,那么一定是零常返或非常返的,则由定理 3.1 知 $\lim_{n\to\infty} p_{jj}^{(n)} = 0$,而

$$p_{ij}^{(n)} = \sum_{k=1}^{n} f_{ij}^{(k)} p_{jj}^{(n-k)} \leqslant \sum_{k=1}^{N} f_{ij}^{(k)} p_{jj}^{(n-k)} + \sum_{k=N+1}^{n} f_{ij}^{(n)} \qquad (3.1.4)$$

固定 N,先令 $n \to +\infty$,则(3.1.4)式的第一项为零,再令 $n \to +\infty$,则(3.1.4)式的第二项为零,从而结论成立。

下面我们就来证明 X 不是正常返的,事实上,若 X 是正常返的,因为是非周期的,则为遍历的,由遍历定理知,$\lim\limits_{n \to \infty} p_{ij}^{(n)} = \alpha_j > 0$,则对 E 的任意有限子集 M,有

$$\sum_{j \in M} \alpha_j = \lim_{n \to \infty} \sum_{j \in M} p_{ij}^{(n)} \leqslant 1$$

另外:

$$\sum_{j \in M} p_{ik}^{(n)} p_{kj} \leqslant p_{ij}^{(n+1)} = \sum_{k \in E} p_{ik} p_{kj}^{(n)}$$

由控制收敛定理知:

$$\sum_{k \in M} \alpha_k p_{kj} \leqslant \sum_{k \in E} p_{ik} \alpha_j = \alpha_j$$

下证 $\sum\limits_{k \in M} \alpha_k p_{kj} = \alpha_j$,若不然,则

$$\alpha = \sum_{j \in E} \alpha_j > \sum_{j \in E} \sum_{k \in E} p_{kj} \alpha_k = \sum_{k \in E} \alpha_k \sum_{j \in E} p_{kj} = \sum_{k \in E} \alpha_k = \alpha$$

显然矛盾,从而有 $\sum\limits_{k \in M} \alpha_k p_{kj} = \alpha_j$,令 $\pi_j = \alpha_j/\alpha$,则有 $\sum \pi_j = \sum \alpha_j/\alpha = \alpha/\alpha = 1$,且 $\sum \pi_k p_{kj} = \pi_j$,从而 X 存在平稳分布,此与已知矛盾,故 X 不是正常返的。

充分性:事实上,若存在平稳分布 $(\pi_j, j \in E)$,则 $\pi_j = \sum_{k \in E} \pi_k p_{kj}$,且 $\pi_j = \sum\limits_{k \in E} \pi_k p_{kj}^{(n)}$ 是显然成立的,由于 $\sum \pi_j = 1$,由控制收敛定理知:

$$\pi_j = \lim_{n \to \infty} \sum_{k \in E} \pi_k p_{kj}^{(n)} = \sum_{k \in E} \pi_k \lim_{n \to \infty} p_{kj}^{(n)} = 0$$

显然矛盾,故定理得证。

事实上,对于定理3.2的必要性,应坚刚[98]已经应用耦合链的方

法给出了一种证明方法，在这里，我们应用我们的定理 3.1 可以比较简单地证明结论也是成立的。

定理 3.3　如果一个不可分非周期的马氏链 X 存在平稳分布 $(\pi_i, i \in E)$，那么：

（1）X 为遍历的；

（2）$\forall\, i, j \in E$，有 $\lim\limits_{n \to \infty} p_{ij}^{(n)} = \pi_j > 0$，且平稳分布是唯一的。

证明（1）由于 X 存在平稳分布，则由定理 3.2 知一定存在 $j: p_{jj}^{(n)} \nrightarrow 0\,(n \to \infty)$，从而由定理 3.1 知，$j$ 为遍历的，由于马氏链是不可分的，这就证明了该马氏链是遍历的。

（2）由于 X 是遍历的，则由遍历定理知，对任意的 $i, j \in E$，有 $p_{ij}^{(n)} \to \alpha_j > 0$，另一方面，

$$\pi_k - p_{ik}^{(n)} = \sum_{j \in E} \pi_j p_{jk}^{(n)} - p_{ik}^{(n)} = \sum_{j \in E} \pi_j (p_{jk}^{(n)} - p_{ik}^{(n)})$$

从而由控制收敛定理知 $\lim\limits_{n \to \infty}(\pi_k - p_{ik}^{(n)}) = 0$，这就表明 $\lim\limits_{n \to \infty} p_{ik}^{(n)} = \pi_k$，证毕。

注 1：一个不可分非周期的马氏链可以分为三种情况：

（1）链为非常返的，$\sum p_{jj}^{(n)} < +\infty$，则不存在平稳分布；

（2）链为零常返的，$\sum p_{jj}^{(n)} = +\infty$，$p_{jj}^{(n)} \to 0\,(n \to \infty)$，则不存在平稳分布；

（3）链为正常返的，$\sum p_{jj}^{(n)} = +\infty$，$p_{jj}^{(n)} \to d_j > 0\,(n \to \infty)$，则存在平稳分布。

注 2：一个不可分的不考虑周期的马氏链也可以分类：

（1）马氏链 X 不可分且存在 $j \in E$，使得 $p_{jj}^{(n)} \to \alpha_j > 0$，则该马氏链一定存在平稳分布；

（2）马氏链 X 不可分且若存在 $j \in E$，使得 $p_{jj}^{(n)} \to 0$，则该马氏链一定不存在平稳分布；

（3）马氏链 X 不可分且 $p_{jj}^{(n)}$ 的极限不存在，则该马氏链可能存在

平稳分布也可能不存在平稳分布。

下面我们给出连续时间马氏链的定义：

定义 3.1.6 设 $X = \{X(t), t \in T\}$ 为一族只取非负整数值的随机变量，若对任意的 $k \geqslant 1$，$t_0 < t_1 < \cdots t_k < t_{k+1}$ 及非负整数 i_0，$i_1, \cdots, i_{k+1}$，有

$$P\{X(t_{k+1}) = i_{k+1} \mid X_{t_0} = i_0, X(t_1) = i_1, \cdots, X(t_k = i_k)\}$$
$$= P\{X(t_{k+1}) = i_{k+1} \mid X(t_k = i_k)\} \qquad (3.1.5)$$

则称 $X = \{X(t), t \geqslant 0\}$ 为连续时间离散状态的马尔可夫过程，或连续时间的马尔可夫链。

马氏过程的转移概率为 $p_{ij}(t)$，$i, j \in E$，$t \geqslant 0$，它们是一组满足下列条件的实值函数：$p_{ij}(t) \geqslant 0$，$\sum_{j \in E} p_{ij}(t) = 1$，$\sum_{k \in E} p_{ik}(t) p_{kj}(s) = p_{ij}(t+s)$，$\lim_{t \to 0} p_{ij}(t) = \delta_{ij}$，其中 $\delta_{ii} = 1$，$\delta_{ij} = 0 (i \neq j)$。

定义 3.1.7 马氏过程 $X(t)$，$t \in T$ 称为时齐的，如果 $P\{X(t+\tau) = k \mid X(t) = j\}$ 不依赖于 t；称为平稳的，如果 $X(t_1), X(t_2), \cdots, X(t_n)$ 和 $X(t_1+\tau), X(t_2+\tau), \cdots, X(t_n+\tau)$ 具有相同的联合分布；称为不可约的，如果 E 中的任意两个状态之间可以互达。

定义 3.1.8 q_{jk} 称为从状态 j 到状态 k 的转移率，其中

$$q_{jk} = \lim_{\tau \to 0} \frac{P\{X(t+\tau) = k \mid X(t) = j\}}{\tau} \qquad j \neq k$$

定义 3.1.9 令 $q_{ii} = -q_i$，矩阵 $Q = (q_{ij})$ 称为马氏链的密度矩阵或无穷小矩阵，若对一切 $i \in E$，有

$$\sum_{j \neq i} q_{ij} = q_i < +\infty$$

则称密度矩阵或马尔可夫链是保守的。

我们知道，在实际应用中得到的马氏链都是保守的，并且有限马氏链都是保守的。对连续时间马尔可夫链 $X = \{X_t, t \geqslant 0\}$，任取 $h > 0$，定义 $X_n(h) = X_{nh}$，$n \geqslant 0$，由马氏性可知 $\{X_n(h), n \geqslant 0\}$ 是一

个离散时间的马氏链,称它为以 h 为步长的离散骨架,或简称 h 骨架。

定义 3.1.10 对保守马氏链,称随机矩阵

$$R = (r_{ij}), \quad r_{ij} = \begin{cases} (1 - \delta_{ij})\dfrac{q_{ij}}{q_i}, & q_i > 0 \\ \delta_{ij}, & q_i = 0 \end{cases}$$

为跳跃链,以 R 为转移概率矩阵的离散时间马氏链称为原来的连续时间马氏链的跳跃链。

和离散时间的马氏链一样,我们也可给出连续时间的马氏链常返和非常返的定义,只不过我们是通过骨架链给出的定义,这也是为什么我们要在前面重点介绍离散时间的马氏链性质的原因。由于在以后的讨论中,我们主要考虑的是连续时间的马尔可夫过程,所以如果不加说明,以后出现的马氏链都是指连续时间的马氏链。

定义 3.1.11 对连续时间马尔可夫链,一个状态称为常返的或非常返的,若对全部离散骨架这个状态是常返的或非常返的。

定义 3.1.12 非负数列 $\{\pi_i, \ i \in E\}$ 称为连续时间马尔可夫链的不变测度,若对一切 $t > 0$,有:

$$\pi_i = \sum_k u_k p_{ki}(t), \quad i \in E$$

这也就是要求 $\{\pi_i, \ i \in E\}$ 是全部离散骨架链的不变测度,若不变测度是概率分布,则称之为平稳分布。

§3.2 马氏过程的可逆性

在现实生活中,当时间逆转时,某些随机过程的行为仍然保持不变,形象一点讲就是如果我们将一个过程的行为用电影的形式记录下来,倒着放该影片和正着放改影片的效果是统计不可区别的,这就是说该过程是可逆的,本节的内容主要参考了[28,65]。下面我们给出具体的定义。

定义 3.2.1 随机过程 $X = \{X(t), t \geqslant 0\}$ 称为是可逆的,如果对所有的 $t_1, t_2, \cdots, t_n, \tau \in T$,其中 T 是指标集,$(X(t_1), X(t_2), \cdots, X(t_n))$ 和 $(X(\tau - t_1), X(\tau - t_2), \cdots, X(\tau - t_n))$ 具有相同的分布。

具体一点的定义就是:

定义 3.2.2 过程 $X = \{x(t), t \geqslant 0\}$ 称为可逆的,如果对于任意的 $0 \leqslant t_1 < t_2 < \cdots < t_{n-1} < t_n$,只要 $t_n - t_{n-1} = t_2 - t_1$,$t_{n-1} - t_{n-2} = t_3 - t_2, \cdots$,就有

$$P\{x(t_1) = i_1, x(t_2) = i_2, \cdots, x(t_n) = i_n\} = P\{(x(t_1) = i_n,$$
$$x(t_2) = i_{n-1}, \cdots, x(t_n) = i_1\}$$

显然,如果一个过程是可逆的,该过程一定是平稳的,这是因为如果过程 $X = \{X(t), t \geqslant 0\}$ 可逆,则 $(X(t_1), X(t_2), \cdots, X(t_n))$ 和 $(X(\tau + t_1), X(\tau + t_2), \cdots, X(\tau + t_n))$ 具有和 $(X(-t_1), X(-t_2), \cdots, X(-t_n))$ 相同的分布。由此可见,

定理 3.4 平稳马氏链是可逆的充要条件是存在一列正数 π_j,$j \in E, \sum_{j \in E} \pi_j = 1$,且满足细致平衡方程

$$\pi_j q_{jk} = \pi_k q_{kj} \quad j, k \in E$$

当存在满足上面条件的一列正数 π_j,$j \in E$ 时,该列正数是过程的平衡分布。

证明 先证必要性:

由于 $X(t)$ 是平稳的,则 $P(X(t) = j)$ 的取值不依赖于 t,令 $\pi_j = P(X(t) = j)$,则显然 $\sum_{j \in E} \pi_j = 1$,$j \in E$,由于该过程是可逆的,有

$$P(X(t) = j, X(t+1) = k)$$
$$= P(X(t) = k, X(t+1) = j)$$

从而有

$$\pi_j \frac{P\{X(t+\tau) = k \mid X(t) = j\}}{\tau}$$
$$= \pi_k \frac{P\{X(t+\tau) = j \mid X(t) = k\}}{\tau}$$

令 $\tau \rightarrow 0$，就得到细致平衡方程。

再证充分性：

假定存在一列正数 π_j，$j \in E$，$\sum\limits_{j \in E} \pi_j = 1$，且满足细致平衡方程 $\pi_j p_{jk} = \pi_k p_{kj}$，$j, k \in E$，则有

$$\pi_j \sum_{k \in E} p_{jk} = \sum_{k \in E} p_{kj} \quad j \in E$$

即 $\pi_j = \sum\limits_{k \in E} p_{kj}$，$j \in E$，从而 π_j，$j \in E$ 是该过程的平衡分布。现在在区间 $[-T, T]$ 上考虑过程 $X(t)$，假定过程在时刻 $t = -T$ 开始，$X(-T) = j_1$ 且在跳到下一状态 j_2 前待在状态 j_1 的时间间隔为 h_1，在跳到下一状态 j_3 前待在状态 j_2 的时间间隔为 h_2，如此进行下去，直到到达状态 j_m 且在时刻 $t = T$ 时仍待在该状态，待在状态 j_m 的时间间隔为 h_m，则 $h_1 + h_2 + \cdots + h_m = 2T$。随机变量 h_1 的概率密度为 $q_{j_1} e^{-q_{j_1} h_1}$，过程在到达状态 j_1 后到达状态 j_2 的概率为 $\dfrac{q_{j_1, j_2}}{q_{j_1}}$，同样我们可以得到随机变量 $h_2, h_3, \cdots, h_{m-1}$ 的概率密度以及过程在到达状态 j_2 后到达状态 j_3，直到到达状态 j_{m-2} 后到达状态 j_{m-1} 的概率。而过程待在状态 j_m 的时间间隔最小为 h_m 的概率为 $e^{-q_{j_m} h_m}$。从而可以得到整个过程的概率密度为

$$\pi_{j_1} e^{-q_{j_1} h_1} q_{j_1, j_2} e^{-q_{j_2} h_2} q_{j_2, j_3} \cdots q_{j_{m-1}, j_m} e^{-q_{j_m} h_m}$$

由细致平衡方程我们可以得到

$$\pi_{j_1} q_{j_1, j_2} q_{j_2, j_3} \cdots q_{j_{m-1}, j_m} = \pi_{j_m} q_{j_m, j_{m-1}} \cdots q_{j_3, j_2} q_{j_2, j_1}$$

这就相当于过程从时刻 $t = -T$ 开始，$X(-T) = j_m$，呆在状态 j_m 的时间间隔为 h_m，直到到达下一个状态 j_{m-1}，如此进行下去，直到到达状态 j_1，呆在状态 j_1 的时间间隔为 h_1，且 $X(T) = j_1$，也就是说 $X(t)$ 和 $X(-t)$ 具有相同的概率表示，从而 $(X(t_1), X(t_2), \cdots, X(t_m))$ 和 $(X(-t_1), X(-t_2), \cdots, X(-t_m))$ 具有相同的有限维分布，由于过程

$X(t)$ 是平稳的,它们也具有和$(X(\tau-t_1), X(\tau-t_2), \cdots, X(\tau-t_m))$ 相同的有限维分布,由定义知 $X(t)$ 是可逆的。

定理 3.4 中,$\pi_j q_{jk}$ 称为从状态 j 到状态 k 的概率流,从而细致平衡方程表明从状态 j 到状态 k 的概率流等于从状态 k 到状态 j 的概率流。

注:如果一个马氏过程不是平稳的,则该马氏过程一定不可逆,即使细致平衡方程成立,也不是可逆的。

例 3.2.1 假设 $S_i \in R, i = \cdots, -1, 0, 1, \cdots$ 是一个泊松过程,定义

$$X(t) = \sum_{i=-\infty}^{+\infty} a(S_i - t)$$

当 $a(s) = \begin{cases} 1 & -1 < s \leqslant 0 \\ 0 & \text{otherwise} \end{cases}$ 时,证明 $X(t)$ 是可逆的。

证明:事实上,

$$P(X(t) = k) = P\Big(\sum_{i=-\infty}^{+\infty} a(S_i - t) = k \Big)$$

$$= P\Big(\sum_{-1 < S_i - t \leqslant 0} 1 = k \Big) = P\Big(\sum_i I_{(t-1 < S_i \leqslant t)} = k \Big)$$

$$= P\{(t-1, t] \text{ 中恰有 } k \text{ 个随机事件到来}\} = \frac{\lambda^k}{k!} e^{-\lambda}$$

为了求 q_{ij},不妨设 $0 < t < 1$,则当 $i \neq j$ 时,

$$P(X(t) = j, X(0) = i)$$

$$= P\Big\{ \sum_{i=-\infty}^{+\infty} a(S_i - t) = j, \sum_{i=-\infty}^{+\infty} a(S_i) = i \Big\}$$

$$= P\Big\{ \sum_r I_{(t-1 < S_r \leqslant t)} = j, \sum_l I_{(t-1 < S_l \leqslant 0)} = i \Big\}$$

$$= \sum_{k=0}^{i} P\{(-1, t-1] \text{ 中恰有 } i-k \text{ 个}, (t-1, 0]$$

$$\text{中恰有 } k \text{ 个}, (0, t] \text{ 中恰有 } j-k \text{ 个}\}$$

$$= \sum_{k=0}^{i} \frac{(\lambda t)^{i-k}}{(i-k)!} e^{-\lambda t} \cdot \frac{(\lambda t)^{j-k}}{(j-k)!} e^{-\lambda t} \cdots \frac{(\lambda(1-t))^{k}}{k!} e^{-\lambda(1-t)}$$

$$= \sum_{k=0}^{i} \frac{(\lambda t)^{i+j-2k}}{(i-k)!} \cdot \frac{e^{-\lambda t-\lambda}}{(j-k)!} \cdot \frac{(\lambda(1-t))^{k}}{k!}$$

当 $i+j=2k$ 时, 即 $k = \dfrac{i+j-1}{2}$ 时, 实际上 $j = i+1$, 我们有

$$q_{ij} = \lim_{t \to 0} \frac{p_{ij}(t)}{t} = \frac{\lambda^{i+1}}{i!} e^{-\lambda} / P(X(0)=i) = \frac{\lambda^{i+1}}{i!} e^{-\lambda} / \frac{\lambda^{i}}{i!} e^{-\lambda} = \lambda$$

当 $j \neq i+1$ 时, $q_{ij} = 0$。

同理我们可以求得 $q_{ji} = i+1$, $j \neq i$。令

$$\pi(i-1)q_{i-1,\,i} = \pi_i q_{i,\,i-1}$$

则

$$\pi(i) = \pi(i-1) \frac{\lambda}{i} = \pi(0) \frac{\lambda^i}{i!}$$

其中

$$\pi(0) = \Big[\sum_{i=1}^{\infty} \frac{\lambda^i}{i!} + 1 \Big]^{-1} = e^{-\lambda}$$

从而由定理 3.4 可知 $X(t)$ 是可逆的。

§3.3 马氏过程中的 Kolmogorov 准则

由上一节我们可以看出, 对于一个平稳马氏过程, 我们可以通过验证它的平衡分布和转移率是否满足细致平衡方程来判别该马氏过程是否可逆。由于平衡分布是由转移率决定的, 很自然的, 我们会考虑是否可以仅通过转移率来验证马氏过程是否可逆, 这就是我们下面要给出的 Kolmogorov 准则:

定理 3.5 （Kolmogorov 准则）平稳马氏链是可逆的充要条件是对任意有限状态 $j_1, j_2, \cdots, j_n \in E$，转移率满足：

$$q_{j_1 j_2} q_{j_2 j_3} \cdots q_{j_{n-1} j_n} q_{j_n j_1} = q_{j_1 j_n} q_{j_n j_{n-1}} \cdots q_{j_3 j_2} q_{j_2 j_1}$$

证明 必要性：由于过程是可逆的，则细致平衡方程成立，即

$$\pi_{j_1} q_{j_1 j_2} = \pi_{j_2} q_{j_2 j_1}$$

$$\pi_{j_2} q_{j_2 j_3} = \pi_{j_3} q_{j_3 j_2}$$

$$\cdots$$

$$\pi_{j_n} q_{j_n j_1} = \pi_{j_1} q_{j_1 j_n}$$

将上面等式相乘，可得到定理必要性得证。

充分性：

令 j_0 是任意选定的状态，因为过程是不可约的，从而对任意状态 j，存在一列状态 $j_n, j_{n-1}, \cdots, j_1$，使得 $q_{jj_n} q_{j_n j_{n-1}} \cdots q_{j_1 j_0} > 0$，令

$$\pi_j = C \frac{q_{j_0 j_1} q_{j_1 j_2} \cdots q_{j_n j}}{q_{jj_n} q_{j_n j_{n-1}} \cdots q_{j_1 j_0}}$$

其中 C 是正的常数，显然 $\pi_j > 0$，如果 $j'_m, j'_{m-1}, \cdots, j'_1$ 是另一列满足 $q_{jj'_m} q_{j'_m j'_{m-1}} \cdots q_{j'_1 j_0} > 0$ 的状态，即 $j'_m, j'_{m-1}, \cdots, j'_1$ 是状态 j 到达状态 j_0 所经过的状态，由假设知

$$\frac{q_{j_0 j_1} q_{j_1 j_2} \cdots q_{j_n j}}{q_{jj_n} q_{j_n j_{n-1}} \cdots q_{j_1 j_0}} = \frac{q_{j_0 j'_1} q_{j'_1 j'_2} \cdots q_{j'_m j}}{q_{jj'_m} q_{j'_m j'_{m-1}} \cdots q_{j'_1 j_0}}$$

由该等式可知状态 j 到达状态 j_0 所经过的状态不一定是唯一的。对于任意状态 k，如果 $q_{jk} = q_{kj} = 0$，显然细致平衡方程成立，下设 $q_{kj} > 0$，则

$$\pi_k = C \frac{q_{j_0 j_1} q_{j_1 j_2} \cdots q_{j_n j} q_{jk}}{q_{kj} q_{jj_n} q_{j_n j_{n-1}} \cdots q_{j_1 j_0}}$$

从而有 $\pi_k q_{kj} = \pi_j q_{jk}$，即 $\pi_j, j \in E$ 满足细致平衡方程，由于过程是平

稳的,可以取到常数 C 使得 $\sum\limits_{j \in E} \pi_j = 1$,由定理 3.1 知过程是可逆的,
且 $\pi_j, j \in E$ 就是平稳分布。

例 3.3.1 考虑一个有两个服务器(这两个服务器可以不同)的
排队序列,假定到达队列的顾客是服从参数为 v 的泊松过程,一个顾
客到达服务器 $i, i = 1, 2$ 的服务时间服从参数为 $\mu_i, i = 1, 2$ 的指数
分布,为了保持系统的平衡性,要求 $\mu_1 + \mu_2 > v$,如果一个顾客到达系
统时发现两个服务器都是空闲的,则它接受两个服务器服务的概率
是相等的,则队列中的顾客数可以用一个马氏过程来表示,状态空间
为 $S = \{0, 1A, 1B, 2, 3, \cdots\}$,其中 $1A, 1B$ 分别表示队列中只有一
个顾客,并且该顾客在服务器 $1, 2$ 上接受服务,转移率为

$$q_{0, 1A} = \frac{v}{2}, \ q_{1A, 0} = \mu_1, \ q_{0, 1B} = \frac{v}{2}, \ q_{1B, 0} = \mu_2, \ q_{1A, 2} = v$$

$$q_{2, 1A} = \mu_2, \ q_{1B, 2} = v, \ q_{2, 1B} = \mu_1, \ q_{2, 3} = v, \ q_{3, 2} = \mu_1 + \mu_2$$

$$q_{i, i+1} = v, \ q_{i+1, i} = \mu_1 + \mu_2, \ i \geqslant 3$$

为了验证过程是否可逆,由 Kolmogorov 准则,我们只需要验证

$$q_{0, 1A} q_{1A, 2} q_{2, 1B} q_{1B, 0} = q_{0, 1B} q_{1B, 2} q_{2, 1A} q_{1A, 0}$$

显然上式是成立的,并且我们可以很容易求出平衡分布为:

$$\pi(1A) = \pi(0) \frac{v}{2\mu_1},$$

$$\pi(1B) = \pi(0) \frac{v}{2\mu_2},$$

$$\pi(n) = \pi(0) \frac{v^2}{2\mu_1\mu_2} (\frac{v}{\mu_1 + \mu_2})^{n-2}, \ n = 2, \cdots$$

事实上,如果一个顾客到达时,发现两个服务器都是空闲的,它
不是等概率地接受这两个服务器的服务,那么过程就不是可逆的。

第四章 WDM 丢失网络平衡分析

许多实际系统在长期运行中表现出某种稳定的性质，当这些过程表现出稳定性态时（它不是时间的函数），称过程处于稳定状态或平衡状态。本章主要对有路由选择的 WDM 丢失网络进行平衡性分析。在过去几年中，由于排队网络的有关理论以及计算机通讯技术的发展，对丢失网络中数学理论的发展起了很大推动作用。

§4.1 关于 WDM 丢失网络

迄今为止，丢失网络的研究已经得到了广泛的发展[30,85]，之所以要引入丢失网络这一形式，一个主要的目的就是为了获得网络性能，例如丢失(阻塞)概率的近似估计。1917 年，丹麦数学家 A. K. Erlang 发表了关于电话呼叫系统呼叫信息丢失的著名公式，即 Erlang 公式，表示如下：

$$E(v,\ C) = \frac{v^C}{C!}\Big[\sum_{n=0}^{C}\frac{v^n}{n!}\Big]^{-1} \tag{4.1.1}$$

该公式可以简单表达如下：到达链路的请求是服从参数为 v 的泊松过程，每个链路包含 C 个线路，当 C 个线路全被占用时，该请求被阻塞进而丢失掉。否则该请求被接受并在其维护时间间隔内占用一个单一的线路。请求维持周期相互独立并且独立到达时刻且是独立同分布的具有单位均值。那么 Erlang 公式就给出了请求被丢失的概率。

很显然，Erlang 公式给出了 C 个线路都被占用情况下的平稳概率。我们可以把该统计平衡性同马氏过程中的平稳测度统一起来，因此,如果请求维持周期是指数分布,那么所占用线路的数目就是一个有限马氏链,并且 Erlang 公式给出了 C 个线路都忙的平稳概率。另一方面,如果请求维持周期不是指数分布而是任意分布,那么用来描述被占用的线路的随机过程更为复杂一些,但是 Erlang 在([8]: 205~208)中说明 Erlang 公式仍然成立。1957 年,Sevastyanov[26]对这一结论给出了严格的说明。实际上,在更一般的弱独立性假设下,Erlang 公式仍成立,甚至在一个给定的线路上,当连续请求的维持周期是独立平稳序列时仍成立。

另一方面,因为到达的流是泊松的,Erlang 公式也给出了一个典型请求被丢失的概率,到达请求服从泊松分布这一特性是很重要的。假定一个请求在包含 C 个线路的链路 j 上不能被处理,它可以有第二个选择,即溢出到包含 C' 个线路的链路 j' 上,此时,在组合的系统中,请求被丢失的概率为 $E(v, C+C')$,在第一个链路上丢失的概率为 $E(v, C+C')/E(v, C)$[30]。

促进丢失网络发展的一个最重要的原因就是希望这些模型可以对实际生活中考虑到路由如何选择或容量如何分配的问题提供帮助,但是这些问题一般是很难解决的。

丢失网络除了可以用来描述传统电话网络,还可以是局域网,蜂窝无线电网络或现代 ATM 网络。在本文中,我们主要指的是 WDM 网络。仿照[30],我们也可以给出一个具有固定路由的 WDM 丢失网络的基本模型:

考虑一个 WDM 网络,网络中共有 J 个链路,链路 j 中的波长数目为 $W_j, j=1, 2, \cdots, J$。在路由 r 上的请求使用了链路 j 上的波长 A_{jr},其中 $A_{jr} \in Z_+$。令 R 是所有可能的路由组成的集合。如果假定矩阵 $A=(A_{jr}, j=1, 2, \cdots, J, r \in R)$ 中的元素要么为 0 要么为 1,则路由 r 可以看作是链路集 $\{1, 2, \cdots, J\}$ 的一个子集,即令 $r=\{j: A_{jr}=1\}$。到达路由 r 上的请求服从参数为 v_r 的泊松过程,r 变化指的是泊松过程是相互独立的。路由 r 上的请求被阻塞进而被丢失意味着对任意链路 $j, j=1, 2, \cdots, J, A_{jr}=0$;否则该请求可以得到处理并且在请求的维持周期内使用链路 j 上的波长 A_{jr}，即 $A_{jr} = 1$，$j \in r$，$j = 1, 2, \cdots, J$。该请求的维持周期和在该请求之前到达的请求的维持周期和到达时刻是相互独立的，并且在路由 r 上的请求的维持周期是同分布的且具有单位均值。

令 n_r 代表在时间 t，在路由 r 上正在处理的请求的数目，定义向量 $n(t) = (n_r(t), r \in R)$ 并且 $W = (W_1, W_2, \cdots, W_J)$。则随机过程 $(n(t), t \geqslant 0)$ 有唯一的平稳分布 $\pi_n = P\{n(t) = n\}$，

$$\pi(n) = G(W)^{-1} \prod_{r \in R} \frac{v_r^{n_r}}{n_r!}, \ r \in \zeta(W) \tag{4.1.2}$$

其中

$$\zeta(W) = \{n \in Z_+^R : An \leqslant W\} \tag{4.1.3}$$

并且

$$G(W) = \Big(\sum_{n \in \zeta(W)} \Big)^{-1} \prod_{r \in R} \frac{v_r^{n_r}}{n_r!} \tag{4.1.4}$$

当维持周期是指数分布时，随机过程 $(n(t), t \geqslant 0)$ 是马氏过程并且分布(4.1.2)满足细致平衡条件，即

$$\pi(n) \cdot v_r = \pi(n + e_r) \cdot (n_r + 1),$$
$$n, n + e_r \in \zeta(W) \tag{4.1.5}$$

其中，$e_r = (I[r' = r], r' \in R)$ 是单位向量，表示在路由 r 上只有一个请求正在被处理。

§4.2 乘积形式解

我们之所以要在这里介绍一下乘积形式的解，主要原因就在于乘积型随机网络理论是随机网络理论中所取得的最值得称道的成果，而乘积形式解是服务网络最出色的成果，也是许多服务网络共同

具有的特征,参见[18,28,30,96]。

所谓服务网络是指一个输入输出系统,它由一个或多个服务点组成,每个服务点中有一个或多个服务台,顾客进入系统后到某一服务点排队服务,服务完成后按某种规律转移到新的服务点排队服务或永远离开系统。而所谓乘积形式的网络,泛指系统平稳分布具有乘积形式解的服务网络。自 Jackon(1957)提出 Jackon 网络模型,并给出其队长平稳分布的乘积形式解后,对网络的乘积形式解的研究从未间断过,如 Gordon 和 Newell[92] 在 1967 年提出的 Gordon-Newell 网络模型并给出了其队长分布的乘积形式的解;Baskett 等[24] 在 1975 年推广上述两种模型,并提出十分复杂的 BCMP 网络,并给出其乘积形式的解;而 Kelly[27] 在 1976 年研究了一类包含多种转移方式与排队规则在内的服务网络,并利用过程可逆性给出其乘积形式的解,Kelly 模型之所以令人关注,就在于该网络中服务时间可以是一般分布,且乘积形式的解的形式有所发展。另外,人们在研究许多特殊网络的时候,也给出了它的乘积形式的解,具有乘积形式的解的服务网络非常之多,但是我们也很容易举出许多不具有乘积形式的解的网络,如具有优先权的网络,那么究竟什么样的服务网络才能具有乘积形式的解呢?

Muntz[75]在 1972 年证明了具有"Poisson 输入蕴涵 Poisson 输出"性质的服务点所组成的网络具有乘积形式的解,同时该网络具有上述性质;Chandy 等[53] 在 1977 年提出服务点"平衡"概念,在 Poisson 输入情形下,给出排队规则对各类顾客没有区别的网路具有乘积形式的解的充要条件;Noetzel[6] 给出了乘积形式解的 LBPS 服务网络的特征,接着 Chandy 和 Martin[54] 推广 Chandy[53] 和 Noetzel[6] 的工作到排队规则对不同顾客类有区别的网络,提出了排队规则"平衡"的概念,从而给出了这种推广形式解存在的充要条件。下面我们以 Jackson 网络为例给出乘积形式解的简单推导过程:

我们在顾客输入、输出以及在各服务点之间的转移过程中定义一个马氏链,转移矩阵为:

$$\begin{bmatrix} 0 & b_1 & \cdots & b_M & 0 \\ 0 & p_{11} & \cdots & p_{1M} & q_1 \\ \vdots & \vdots & \vdots & \vdots & \vdots \\ 0 & p_{M1} & \cdots & p_{MM} & q_M \\ 0 & 0 & \cdots & 0 & 1 \end{bmatrix} \qquad (4.2.1)$$

其中状态 0 对应于顾客尚未到达网络,状态 $M+1$ 对应于顾客服务完离开网络。假定状态 0 能到达状态 1,2,$\cdots$,M;状态 1,2,$\cdots$,M都能到达状态 $M+1$,这就意味着每个服务点都能有顾客进入,同时每个服务点的顾客都能离开系统。由于状态总数有限,$M+1$ 为吸收状态,而状态 1,2,$\cdots$,又能到达状态 $M+1$,因此 1,2,$\cdots$,M 均为非常返,且由于网络中的顾客概率为 1 的会离开网络,故此该马氏链最终被 $M+1$ 吸收的概率为 1。

令 $N_i(t)$ 为时刻 t 处于服务点 i 的顾客数,$N(t) = (N_1(t), \cdots, N_M(t))$,假定 $N(0) = (0, \cdots, 0)$,由网络的定义,$N(t)$ 是 M 维马氏链,其状态空间为 $E = E_1 \times E_1 \times \cdots \times E_M$,$E_i = \{0, 1, \cdots, \}$,由假设条件 (4.2.1) 知 $N(t)$ 的任何一个状态 $\vec{n} = (n_1, \cdots, n_M) \in E$ 与状态 $(0, \cdots, 0)$ 相通,所以 $N(t)$ 为不可约马氏链,同时由于输入为最简单流,服务均为指数分布,转移概率函数 $p_{\vec{n_i}\vec{n_j}}(t)$ 满足:

$$\lim_{t \to 0} p_{\vec{n_i}\vec{n_j}}(t) = \begin{cases} 1 & \vec{n_i} = \vec{n_j}, \\ 0 & \vec{n_i} \neq \vec{n_j} \end{cases}$$

概率极限为

$$\lim_{t \to \infty} P(N(t) = \vec{n}) = P(\vec{n})$$

假定该系统的平稳分布存在,即所有的 $P(\vec{n}) > 0$,$\vec{n} \in E$,并且满足平衡方程组

$$\left[\sum_{i=1}^{M} (\alpha_i(n_i)\mu_i(1 - p_{ii}) + \lambda_i) \right] P(\vec{n})$$

$$= \sum_{i,\,j=1,\,i\neq j}^{M} \delta(n_j)\alpha_i(n_i+1)\mu_i p_{ij} P(\vec{n}+e_i-e_j) +$$

$$\sum_{i=1}^{M} q_i\alpha_i(n_i+1)\mu_i P(\vec{n}+e_i) +$$

$$\sum_{i=1}^{M} \delta(n_i)\lambda_i P(\vec{n}-e_i), \quad \vec{n}\in E \tag{4.2.2}$$

其中 e_i 为第 i 个分量为 1 其余为 0 的 M 维向量，

$$\delta(n)=\begin{cases}0 & n\leqslant 0\\ 1 & n\geqslant 1\end{cases} \quad \alpha_i(n)=\begin{cases}n & n\leqslant m_i\\ m & n> m_i\end{cases}$$

令

$$\begin{cases}\beta_k(0)=1\\ \beta_k(n)=\alpha_k(n)\beta_k(n-1)=\sum_{j=1}^{n}\alpha_k(j), n=1,\cdots\end{cases} \tag{4.2.3}$$

作代换

$$P(\vec{n})=\prod_{i=1}^{n}\beta_i^{-1}(\vec{n})Q(\vec{n}) \tag{4.2.4}$$

则(4.2.7)式可化为

$$\left[\sum_{i=1}^{M}(\alpha_i(n_i)\mu_i(1-p_{ii})+\lambda_i)\right]Q(\vec{n})$$

$$=\sum_{i=1}^{M}\delta(\vec{n})\lambda_i Q(\vec{n}-e_i)\alpha_i(n_i)+$$

$$\sum_{i=1}^{M}q_i\mu_i Q(\vec{n}+e_i)+\sum_{i,\,j=1,\,i\neq j}^{M}\alpha_j(n_j)\mu_j p_{ij}Q(\vec{n}+e_i-e_j),$$

$$\vec{n}\in E \tag{4.2.5}$$

假定

$$Q(\vec{n})=C\prod_{i=1}^{M}x_i^{n_i}, \quad \vec{n}\in E \tag{4.2.6}$$

其中 C 为常数,则

$$\sum_{i=1}^{M} \alpha_i(n_i)\left[\mu_i - \sum_{j=1}^{M} \mu_i p_{ji}\frac{x_j}{x_i} - \frac{\lambda_i}{x_i}\right] + \sum_{i=1}^{M}[\lambda_i - q_i\mu_i x_i] = 0$$

$$(4.2.7)$$

在上式中取 $\vec{n} = (0, \cdots, 0)$,即得

$$\sum_{i=1}^{M}(\lambda_i - q_i\mu_i x_i) = 0 \qquad (4.2.8)$$

将(4.2.8)式带入(4.2.7)式,取 $\vec{n} = e_i$,则有

$$\mu_i x_i = \sum_{j=1}^{M}\mu_i p_{ji}x_j + \lambda_i, \ 1 \leqslant i \leqslant M \qquad (4.2.9)$$

记 $\mu_i x_i = \gamma_i, 1 \leqslant i \leqslant M, \Gamma = (\gamma_1, \cdots, \gamma_M), \Lambda = (\lambda_1, \cdots, \lambda_M)$,我们就可以得到流向平衡方程 $\Gamma = \Gamma P + \Lambda$,由于我们假定任一个顾客最终都会离开网络,故 $\lim_{i=\infty}P^i = 0$,因而由流向平衡方程,有 $\Gamma = \Lambda(I - P)^{-1}$,从而可以得到(4.2.10)的解

$$P(\vec{n}) = C\prod_{i=1}^{M}\frac{(\gamma_i/\mu_i)^{n_i}}{\beta_i(n_i)} \qquad (4.2.10)$$

假定 $\gamma_i < m_i\mu_i (i = 1, \cdots, M)$,在(4.2.10)式中,对所有的 n_i 从 0 到 ∞ 求和,左端和为1,右端和级数收敛,从而可以得到

$$C = \prod_{i=1}^{M}\left[\sum_{n_i=0}^{\infty}\frac{(\gamma_i/\mu_i)^{n_i}}{\beta_i(n_i)}\right]^{-1} \qquad (4.2.11)$$

带入(4.2.10)式,我们就可以得到乘积形式的平稳分布的表达式:

$$P(\vec{n}) = \prod_{i=1}^{M}C_i\frac{(\gamma_i/\mu_i)^{n_i}}{\beta_i(n_i)}$$

其中 $C_i = \left[\sum_{n_i=0}^{\infty}\frac{(\gamma_i/\mu_i)^{n_i}}{\beta_i(n_i)}\right]^{-1}$。

§4.3 WDM 丢失网络平衡性分析

如果系统已经运行了相当长的时间,使得在任何时刻各项数量指标的变换规律都已相同且不受初始条件的影响,我们就称此时系统已处于统计平衡,系统的状况就称为平稳状态,用数学语言来说,就是当 $t \to \infty$ 时极限概率分布存在,且与初始条件无关。随机过程统计平衡的概念是统计在物理问题的应用中发展起来的遍历原理的一个推广,Erlang 使用这个基本原理在电话服务理论中得到了有意义的结果[25]。我们知道最初的研究几乎都是关于它们的平衡(稳定状态)性态,这是自然的,原因是稳定性态结果的简单性质及它们在应用中的价值。根据这个原理,在某些条件下,如果系统已运行了无限长的时间,那么初始状态的影响就消失,且系统达到了绝对状态分布与时间无关(平稳的)的情形。在有限状态的系统中,平衡的条件是所有的状态属于一个不可约类(互通的状态集),但是在无限状态的随机服务系统中,话务强度 $\rho \leqslant 1$ 这个条件常常构成统计平衡的基础[49]。

在通信领域,话务强度 ρ(已证明它是一个服务员忙碌时间与总时间的比值)已被接受为国际话务单位,称为 erlang(爱尔兰),具体一点解释,爱尔兰就是表示通话量密度的单位,为每小时通话次数和每次通话所用时间的乘积。

而所谓的瞬时状态就是在任意有限时刻 t 系统的性态。一般来讲,瞬时性态的研究比平稳性态的研究复杂的多,同时得不到简单的表达式,因而在实际应用中,往往采用平稳性态的结果作为近似[96]。除非另做说明,我们均假设统计平衡成立的条件存在。下面我们考虑 WDM 丢失网络的平衡性分析。

首先我们给出几个在以后会经常用到的符号:

1)一个 k 个跳的路径中共有 $k+1$ 个节点,以 $0, 1, \cdots, k$ 表示这 $k+1$ 个节点,并且跳 $i, i=1, 2, \cdots, k$ 代表节点 $i-1$ 和节点 i 之间的链路。

2) λ_{ij}，$j \geqslant i$ 代表从跳 i 到跳 j 所到达的泊松请求的到达率，这就意味着请求从节点 i 进入 WDM 网络并且到达节点 j。

3) $\dfrac{1}{\mu}$ 代表所有到达请求（满足指数分布）的维持周期，同样的，$\rho_{ij} = \lambda_{ij}/\mu$ 是从跳 i 到跳 j 的请求的负荷（load）。

4) n_{ij}，$j \geqslant i$ 代表目前在 WDM 丢失网络中从跳 i 到跳 j 正在处理的请求数目。

5) f_{ij}，$j \geqslant i$ 代表目前在 WDM 丢失网络中从跳 i 到跳 j 空闲的波长数目。

下面，我们首先考虑两个跳的路径，如图 4.3.1 所示：

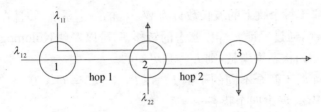

图 4.3.1　两个跳（hop）的路径

则系统的演变可以用一个四维马氏过程 $(n_{11}, n_{12}, n_{22}, f_{12})$ 来描述，令 M_2 代表该两个跳的路径所对应的马氏过程，其中的一个状态用 $\underline{n}$ 表示，即 $\underline{n} = (n_{11}, n_{12}, n_{22}, f_{12})$，显然该马氏过程 M_2 抓住了两个跳的路径上的波长使用情况，且 $n_{11}, n_{12}, n_{22}, f_{12}$ 应该满足如下限制：

$$\begin{cases} n_{11} + n_{12} + f_{12} \leqslant W \\ n_{22} + n_{12} + f_{12} \leqslant W \end{cases} \tag{4.3.1}$$

令 $q(\underline{n}, \underline{n}')$ 表示从状态 $\underline{n}$ 到状态 $\underline{n}'$ 的转移率，考虑 $W = 2$ 时的可逆性分析。对一列状态 $\underline{n}_1 = (1, 1, 1, 0)$，$\underline{n}_2 = (1, 0, 1, 1)$，$\underline{n}_3 = (1, 0, 0, 1)$，$\underline{n}_4 = (1, 1, 0, 0)$，转移概率满足：

$$q(\underline{n}_1, \underline{n}_2) = \mu_{12}, \quad q(\underline{n}_2, \underline{n}_3) = \mu_{22}$$
$$q(\underline{n}_3, \underline{n}_4) = \lambda_{12}, \quad q(\underline{n}_4, \underline{n}_1) = \lambda_{22}$$

$$q(\underline{n}_1, \underline{n}_4) = \mu_{22}, \ q(\underline{n}_4, \underline{n}_3) = \mu_{12}$$

$$q(\underline{n}_3, \underline{n}_2) = \frac{\lambda_{22}}{2}, \ q(\underline{n}_2, \underline{n}_1) = \lambda_{12} \qquad (4.3.2)$$

显然 $q(\underline{n}_1, \underline{n}_2)q(\underline{n}_2, \underline{n}_3)q(\underline{n}_3, \underline{n}_4)q(\underline{n}_4, \underline{n}_1) \neq q(\underline{n}_1, \underline{n}_4)q(\underline{n}_4, \underline{n}_3)q(\underline{n}_3, \underline{n}_2)q(\underline{n}_2, \underline{n}_1)$，由 Kolmogorov 准则知，$M_2$ 是不可逆的。那么如何得到一个可逆的马氏过程从而进行平衡性分析呢?

考虑 n_{12} 为常数时所得到的 M_2 的子链 $L_{2,C}$，令

$$L_{2,C} = \{(n_{11}, n_{12}, n_{22}, f_{12}) \mid n_{12} = C\}$$

$$C = 0, 1, \cdots, W \qquad (4.3.3)$$

$L_{2,C}$ 对应于每个跳上的波长数目为 $W-C$ 的一个系统，并且在该系统中，$\lambda_{12} = 0$，通过验证 $L_{2,C}$ 中状态的转移率，可以发现 Kolomogorov 准则对任一列状态均满足，则 $L_{2,C}$ 是可逆的。

然而对于两个不同的子链 $L_{2,C}$, $L_{2,C'}$, $C \neq C'$, $C, C' \in \{0, 1, \cdots, W\}$，考虑四个状态

$$\underline{n}_1 = (n_{11}, n_{12}, n_{22}, f_{12})$$

$$\underline{n}_2 = (n_{11}, n_{12}+1, n_{22}, f_{12}-1)$$

$$\underline{n}_3 = (n_{11}+1, n_{12}+1, n_{22}, f_{12}-1)$$

$$\underline{n}_4 = (n_{11}+1, n_{12}, n_{22}, f_{12})$$

可见 $\underline{n}_1, \underline{n}_4 \in L_{2,C}$, $\underline{n}_2, \underline{n}_3 \in L_{2,C'}$, $(n_{11} > 0, n_{22} > 0)$。

我们有:

$$q(\underline{n}_1, \underline{n}_2) = \lambda_{12}$$

$$q(\underline{n}_2, \underline{n}_3) = \lambda_{11}\left(1 - \frac{f_{12}-1}{W - (n_{12}+1) - n_{11}}\right)$$

$$q(\underline{n}_3, \underline{n}_4) = (n_{12+1})\mu_{12}$$

$$q(\underline{n}_4, \underline{n}_1) = (n_{11}+1)\mu_{11}\left(1 - \frac{W - f_{12} - n_{12} - n_{22}}{n_{11}+1}\right)$$

$$q(\underline{n}_1, \underline{n}_4) = \lambda_{11}\left(1 - \frac{f_{12}}{W - n_{11} - n_{12}}\right)$$

$$q(\underline{n}_4, \underline{n}_3) = \lambda_{12}$$

$$q(\underline{n}_3, \underline{n}_2) = (n_{11}+1)\mu_{11}\left(1 - \frac{W - (n_{12}+1) - (f_{12}-1) - n_{22}}{n_{11}+1}\right)$$

$$q(\underline{n}_2, \underline{n}_1) = (n_{12}+1)\mu_{12}$$

显然

$$q(\underline{n}_1, \underline{n}_2) \cdot q(\underline{n}_2, \underline{n}_3) \cdot q(\underline{n}_3, \underline{n}_4) \cdot q(\underline{n}_4, \underline{n}_1)$$
$$\neq q(\underline{n}_1, \underline{n}_4) \cdot q(\underline{n}_4, \underline{n}_3) \cdot q(\underline{n}_3, \underline{n}_2) \cdot q(\underline{n}_2, \underline{n}_1) \quad (4.3.4)$$

对子链 $L_{2,C}$，$L_{2,C+1}$ 中的状态 $\underline{n} = (n_{11}, C, n_{22}, f_{12})$ 和 $\underline{n}' = (n_{11}, C+1, n_{22}, f_{12}-1)$，如果 $q(\underline{n}, \underline{n}') = \lambda_{12}$，$(n_{11}, n_{22} > 0)$，令 $q(\underline{n}, \underline{n}') = \lambda_{12} \Rightarrow q'(\underline{n}, \underline{n}') = \lambda_{12}\frac{f_{12}(W-c)}{f_{11}f_{22}}$，其中 $f_{11} = W - n_{11} - C$，$f_{22} = W - n_{22} - C$，很显然在这种假设下，(4.3.4) 式的等号成立，从而得到一个新的马氏过程 M_2'，M_2' 和 M_2 具有相同的状态空间，M_2 不可逆但是 M_2' 可逆。对于 M_2'，我们可以求出其平稳状态概率 $\pi(n_{11}, n_{12}, n_{22}, f_{12})$。令 $G_2(W)$ 是正态化常数，使得 $\sum_{\underline{n} \in M_2'} \pi(n_{11}, n_{12}, n_{22}, f_{12}) = 1$。由于满足细致平衡方程 $\pi(\underline{n})q(\underline{n}, \underline{n}') = \pi(\underline{n}')q(\underline{n}', \underline{n})$，故可以求得：

$$\pi(n_{11}, n_{12}, n_{22}, f_{12})$$
$$= \frac{1}{G_2(W)} \cdot \frac{\rho_{11}^{n_{11}}\rho_{12}^{n_{12}}\rho_{22}^{n_{22}}}{n_{11}!n_{12}!n_{22}!} \cdot \frac{C_{f_{11}}^{f_{12}}C_{n_{11}}^{f_{22}-f_{12}}}{C_{n_{11}+f_{11}}^{f_{22}}} \quad (4.3.5)$$

其中 $f_{11} = W - n_{11} - n_{12}$，$f_{22} = W - n_{22} - n_{12}$。同样的道理，对于一个具有 k 个跳的路径来说，$k > 2$，令 M_k 代表该 k 个跳的路径所对应的马氏过程，则马氏过程的一个状态 $\underline{n}$ 可以表示如下：

$$\underline{n} = (n_{11}, n_{12}, \cdots, n_{1k}, n_{22}, \cdots, n_{2k}, \cdots, n_{kk};$$
$$f_{12}, f_{13}, \cdots, f_{1k}, f_{23}, \cdots, f_{2k}, \cdots, f_{k-1,k}) \quad (4.3.6)$$

其中,前 $(k(k+1)/2)$, $1 \leqslant i \leqslant j \leqslant k$ 个随机变量 n_{ij} 代表在该路径上正在处理的请求的数目,而后 $(k(k-1)/2)$, $1 \leqslant i \leqslant j \leqslant k$ 个随机变量 f_{ij} 代表在该路径上链路上空闲的波长的数目,显然,马氏过程 M_k 的状态空间应该满足以下限制:

$$f_{ij} \leqslant f_{i,\,j-1} \leqslant \cdots \leqslant f_{i,\,i+1}, 1 \leqslant i < i < j \leqslant k \quad (4.3.7)$$

$$f_{ij} \leqslant f_{i+1,\,j} \leqslant \cdots \leqslant f_{j-1,\,j}, 1 \leqslant i < i < j \leqslant k \quad (4.3.8)$$

$$\begin{cases} \sum_{j=1}^{k} n_{1j} + f_{12} \leqslant W \\ \sum_{i=1}^{l} \sum_{j=l}^{k} n_{ij} + f_{l-1,\,l} + f_{l,\,l+1} - f_{l-1,\,l+1} \leqslant W, \\ l = 2, \cdots, k-1 \\ \sum_{i=1}^{k} n_{ik} + f_{k-1,\,k} \leqslant W \end{cases} \quad (4.3.9)$$

过程 M_k 抓住了 k 个跳的路径上的波长使用情况之间的关系,从而可以用来精确计算链路请求被丢失的概率,然而,一方面路径越短,波长数目 W 越小,越容易计算,但另一方面,用来描述过程的随机变量却很多,从而使数值计算很难达到。

和两个跳的路径的讨论一样,对 k 个跳的路径我们也可以进行相似的讨论,通过建立可逆马氏过程得到平衡分布,其平衡分布中的前 $k(k+1)/2$ 项可以表示为 $\rho_{ij}^{n_{ij}}/n_{ij}$ 的形式,每一个对应于 (4.2.6) 中的随机变量 n_{ij},而后 $k(k+1)/2$ 项和两个跳的路径一样,是组合的形式,对应于随机变量 f_{ij}。

§4.4 WDM 丢失网络中任播请求平衡性分析

在这一节中我们将会对 WDM 丢失网络中的任播请求进行平衡性分析,在考虑目的地的权选择上,为了使讨论简单,我们仅考虑算法 UWNC 情况下网络的平衡性分析,得到的解具有乘积形式。

首先我们给出网络模型:

考虑一个 WDM 丢失网络,网络是这样组成的:用图形 $G = (V, E)$ 来代表 WDM 网络,其中 $V = \{v_1, v_2, \cdots, v_N\}$ 是一列顶点代表网络节点,E 是边集代表光纤链路。节点和链路的数目分别为 $N = |V|$ 和 $L = |E|$,因为 WDM 链路包含一对单向的光纤链路,我们考虑有向图,其中,$l(i, j)$ 和 $l(j, i)$ 代表连接节点 i 和 $j (i, j = v_1, v_2, \cdots, v_N)$ 的一对方向相反的单向链路且 $l(i, j) = l(j, i) = 1$,每个链路正好包含 W 个波长。令 $S \in V$ 是任播请求集,$G(A) \in V$ 是任意的目的地集。假定到达源 $s \in S$ 的任播请求服从参数为 λ_s 的泊松过程,且(s, d) 是从源 s 到目的地 $d \in G(A)$ 所选的路由。当路由(s, d) 上的任何链路上均没有可使用的波长时,该任播请求被阻塞并且被丢失掉。

定义向量 $\vec{n} = \{n_{(s, d)}, s \in S, d \in G(A)\}$,其中 $n_{(s, d)}$ 是目前路由 (s, d) 上正在处理的任播请求的数目。$\vec{W} = \{W_j = W, j = 1, 2, \cdots, J\}$,$S(\vec{W}) = \{\vec{n}: A\vec{n} \leqslant \vec{W}\}$ 是所有的路由(s, d) 上正在处理的任播请求的状态空间。现在我们可以在状态空间 $S(\vec{W})$ 上定义马氏过程 $\vec{n}(t)$。

现在我们如[21]一样定义两个算子 $T^+_{(s, d)}$ 和 $T^-_{(s, d)}$:

$$(T^+_{(s, d)} \vec{n})_{(s_1, d_1)} = \begin{cases} n_{(s, d)} + 1, & (s, d) = (s_1, d_1) \\ n_{(s, d)}, & (s, d) \neq (s_1, d_1) \end{cases} \quad (4.4.1)$$

$$(T^-_{(s, d)} \vec{n})_{(s_1, d_1)} = \begin{cases} n_{(s, d)} - 1, & (s, d) = (s_1, d_1) \\ n_{(s, d)}, & (s, d) \neq (s_1, d_1) \end{cases} \quad (4.4.2)$$

这就意味着 $T^+_{(s, d)} \vec{n}$ 在路由(s, d) 上从源 s 引入一个任播请求,而 $T^-_{(s, d)} \vec{n}$ 则表示有一个任播请求在路由(s, d) 上离开,转移率可以表示如下:

$$q(\vec{n}, T^-_{(s, d)} \vec{n}) = n_{(s, d)} \qquad \vec{n}, T^-_{(s, d)} \vec{n} \in S(\vec{W})$$

$$q(\vec{n}, T^+_{(s, d)} \vec{n}) = \lambda_s \cdot W_{(s, d)} \qquad \vec{n}, T^+_{(s, d)} \vec{n} \in S(\vec{W})$$

其中 $W_{(s, d)} = \dfrac{1}{|G(A)|}$。

定理 4.1 马氏过程 $\vec{n}(t)$ 有唯一的平稳分布 $\pi(\vec{n})$,$\vec{n} \in S(\vec{W})$,

使得

$$\pi(\vec{n}) = G(\vec{W}) \prod_{(s, d) \in S \times G} \frac{\rho_{(s, d)}^{n_{(s, d)}}}{n_{(s, d)}!},$$

其中

$$\rho_{(s, d)} = \lambda_s W_{(s, d)}, \quad (s, d) \in S \times G,$$

并且

$$G(\vec{W}) = \Big(\sum_{\vec{n} \in S(\vec{w})} \prod_{(s, d) \in S \times G} \frac{\rho_{(s, d)}^{n_{(s, d)}}}{n_{(s, d)}!} \Big)^{-1}.$$

证明 因为马氏过程 $\vec{n}(t)$ 是不可约的并且具有有限的状态空间,由马氏过程的基本定理[28],$\vec{n}(t)$ 有唯一的平稳概率分布。显然 $G(\vec{W})$ 是规范化常数,细致平衡方程可以表示如下:

$$\pi(\vec{n})q(\vec{n}, T_{(s, d)}^{+}\vec{n}) = \pi(T_{(s, d)}^{+}\vec{n})q(T_{(s, d)}^{+}\vec{n}, \vec{n}),$$

$$\pi(\vec{n})q(\vec{n}, T_{(s, d)}^{-}\vec{n}) = \pi(T_{(s, d)}^{-}\vec{n})q(T_{(s, d)}^{-}\vec{n}, \vec{n}),$$

对任意的 $(s, d) \in S \times G$ 均成立。

将 $\pi(\vec{n})$ 带入上式,我们可以得到:

$$\prod_{(s, d) \in S \times G} \frac{\rho_{(s, d)}^{n_{(s, d)}}}{n_{(s, d)}!} \cdot \lambda_s W_{(s, d)}$$

$$= \prod_{(s, d) \in S \times G} \frac{\rho_{(s, d)}^{n_{(s, d)}+1}}{(n_{(s, d)}+1)!} \cdot (n_{(s, d)}+1) \tag{4.4.3}$$

$$\prod_{(s, d) \in S \times G} \frac{\rho_{(s, d)}^{n_{(s, d)}}}{n_{(s, d)}!} \cdot n_{(s, d)}$$

$$= \prod_{(s, d) \in S \times G} \frac{\rho_{(s, d)}^{n_{(s, d)}-1}}{(n_{(s, d)}-1)!} \cdot \lambda_s W_{(s, d)} \tag{4.4.4}$$

令 $\rho_{(s, d)} = \lambda_s W_{(s, d)}$,容易验证上等式成立,则细致平衡方程成立,从而定理得证。

第五章　WDM 丢失网络
阻塞概率的计算

本章主要对有路由选择的 WDM 丢失网络（Loss networks）中存在阻塞概率的问题进行讨论，给出了计算阻塞概率的简单方法。

§5.1　阻塞概率

在上一章中，我们指出 Erlang 公式实际上也给出了连接请求被丢失的概率。然而对于实际的网络，由于很难计算正态化常数，Erlang 公式对于丢失网络中阻塞率的计算并不能提供很大的帮助。

所谓电路转接（circuit-switched）是一种交换方式，可在源点和终点之间建立一条实在的通路，不论有否信息传输，都应该保持通畅，以电路转接方式传输信息，在源点和终点之间不会发生转接延迟。在模拟通信中，电路转接几乎是唯一的方法，但是在数据通信中，电路转接会使线路利用率降低。在电路转接网络中，如果有一个具有固定路由的请求到达，并且该请求可以被处理，就意味着在该请求的路由上至少有一个空闲的 trunk（线路）可供该请求适用。否则，该请求就会被阻塞，即不能被处理。而在波长路由 WDM 网络中，虽然每个连接上的信道是不可区分的，但是不同的信道意味着不同的波长，波长是不同的。一个具有固定路由的请求能被处理就意味着在路由的所有链路上至少有一个空闲的波长。很显然，在波长路由 WDM 网络中，请求被阻塞的概率要高于电路转接网络的阻塞率。

对于电路转接网络，Kelly[29] 指出了网络越大，分析将会越简单。一般的，对于没有控制的丢失网络模型可以表示如下：网络中共有 J 个链路，每个链路 j 中包含 C_j 个线路，$j=1, 2, \cdots, J$。R 是所有可能路由的集合,到达路由 r, $r\in R$ 的请求是服从参数为 v_r 的泊松过程,每个路由 r 上的每个路由请求在其维持周期内都使用链路 j 上的 A_{jr} 个线路,特别的,我们总假定 A_{jr} 要么为 0,要么为 1。如果线路上没有足够多的空闲的容量来承载这个请求,则该请求被阻塞进而被丢失掉,即不能得到处理,否则该请求被接受并得到处理。我们总假定所有的到达过程和维持周期是相互独立的,且请求的维持周期是具有单位均值的随机变量。令 n_r 是在路由 r 上正在处理的请求的数目,令 $n=(n_r, r\in R)$,$C=(C_j, j=1, 2, \cdots, J)$,且 $\varphi(C)=\{n\in Z_+^R: An\leqslant C\}$,则 n 的平稳分布为:

$$\pi(n) = G(C)^{-1}\prod_{r\in R}\frac{v_r^{n_r}}{n_r!}, n\in\varphi(C) \tag{5.1.1}$$

其中 $G(C)^{-1}$ 是正态化常数,这就表明 π 具有截断乘积形式。但是由于在实际网络中很难计算正态化常数,为了计算阻塞概率,Dziong 和 Roberts[102]建立了(多个服务)减少负荷逼近(multiscrvice reduced load approximation)方法,简单描述如下:对每个 j, $j=1, 2, \cdots$, J,令 L_{jr} 是在路由 r 的链路 j 上空闲的容量少于 A_{jr} 的(平稳)概率,显然当 $A_{jr}=0$ 时,$L_{jr}=0$。通过参考独立源 j 的简单分析模型,我们可以计算出每个 L_{jr},也就是说,在路由 r 上到达链路 j 的请求是服从率为 $v_r\prod_{k\neq j}(1-L_{jr})$ 的泊松过程。我们总假定每个链路包含的线路数目和请求的维持周期是不变的,并且每个链路上的阻塞是相互独立的。这样,我们就可以得到关于概率 L_{jr} 的一系列固定点方程,并且 Chung 和 Ross[79]指出这一系列方程的解是存在的。可见,路由 r 上的请求被阻塞进而被丢失掉的概率 B_r 可以表示为:

$$B_r = 1-\prod_{j=1}^{J}(1-L_{jr}) \tag{5.1.2}$$

另外,还有著名的爱尔兰固定点逼近(EFPA:Erlang fixed point approximation)方法,它和减少的负荷逼近方法的不同点就在于:

EFPA 是在每个链路 j 上假定一个简单化的模型,特别的

$$L_{jr} = 1 - (1 - L_j)^{A_{jr}} \qquad (5.1.3)$$

其中,L_j 是在链路 j 上没有空闲容量的概率,则路由 r 上的请求被阻塞进而被丢失掉的概率 B_r 可以表示为

$$B_r = 1 - \prod_{j=1}^{J} (1 - L_j)^{A_{jr}} \qquad (5.1.4)$$

如果 A 是一个 0 - 1 矩阵,则

$$B_r = 1 - \prod_{j \in r} (1 - L_j) \qquad (5.1.5)$$

此时,减少的负荷逼近和爱尔兰固定点方法是一致的,故在这里我们也只讨论 EFPA。显然(5.1.5)式中,相对于(5.1.4)固定点方程中变量的数目减少了,但是,Ziedins 和 Kelly[43]指出:这一系列方程可能会有多个解。一般的,EFPA 对于只有一个链路的网络结果并不精确。对于 EFPA,Kelly[29]指出,在网络拓扑结构中的链路数目为 J,所有可能的路由集合 R 以及矩阵 (A_{jr}) 是固定时,如果到达的路由请求 v_r,$r \in$ R 以及 C_j,$j = 1, 2, \cdots, J$ 是成比例增加时,EFPA 方法是逼近(asymptotically)正确的。当然上面的讨论都是在固定路由的情况下讨论的。Ziedins[43]进一步考虑了具有多样化路由时的极限结果,此时假定每个链路上线路的数目以及总的提供的信息量的负荷是固定的,而链路的数目以及请求的类型是增加的。Hunt[63]对于具有控制的情形进行了研究,例如在网络中增加主干存储(trunk reservation)和可选择路由的条件,此时,使用 EFPS 仍然可以得到很好的结果。

§5.2 研究模型

在本节中我们主要介绍 WDM 丢失网络中计算阻塞概率的两个重要的模型,主要取材于[30,80]。

我们知道,特别的,一个丢失网络可以用一个多维马氏过程来表示,过程的维数就是该网络中可允许的路由的数目。很显然,如果在网络中路由的方法是可选择路由方式,马氏过程就不可能获得(admit)乘积形式的解。我们可以通过解和这个方程的生成元(generator)相关的线性方程来得到平衡状态的概率。但是,因为在实际的网络中,路由的数目可以是成百上千的,并且过程的状态随着路由数目的增加以指数形式增加,从而导致这种解线性方程的方法是不可行的。因此,许多新的方法被采用,这些方法得到的结果可以精确地逼近丢失网络中阻塞率的实际结果,其中一个方法就是最早在 1964 年[68]提出来的减少的负荷逼近方法(也称为爱尔兰固定点逼近),该方法近几年来已经引起了研究者的广泛兴趣。

对于固定路由的情形,该方法假定在每个链路上的阻塞是相互独立的,到达链路的信息流是泊松的,并且由于在其他的链路上存在阻塞而被 thinned。

减少的负荷逼近方法可以拓展到具有主干存储的顺序可选择路由的情况[50],从而我们可以得到一系列固定点方程,并且不必具有唯一的解,然而,如果有充足的主干存储,则解是唯一的。对于拓广到动态可选择路由的情况,[30, 72]中均做了详尽的介绍。

目前,通讯公司已经通过采用共同的信道信号和存储程序控制来使用状态独立路由这一机制[32, 87, 90]。在该机制下,路由决定是依赖于整个网络中在每个链路上目前空闲的线路的数目。例如在 LLR(Least Loaded Routing)下,如果请求不能在直接路由上建立,那么我们就可以选择具有两个链路的可选择路由,在选择的路由上有最多空闲的线路可以使用。AT & T[32]已经在长距离的 domestic 网络中采用了 LLR 方法。

模型一:假设网络中共有 J 个链路,网络的拓扑结构可以是任意的,令 C_j 代表链路 j 中线路的数目。在给定的瞬时时间,链路 j 上的一些线路是空闲的,而其余的是繁忙的。令 m_j 代表在链路 j 上空闲的线路的数目,令 $\mathbf{m} = (m_1, m_2, \cdots, m_J)$ 代表网络的状态,则状态空

间可以表示为

$$\Lambda = \{0, 1, \cdots, C_1\} \times \cdots \times \{0, 1, \cdots, C_J\}$$

路由 R 是链路集$\{1, 2, \cdots, J\}$的子集组成,可见,网络中可以有 $2^J -$ 1 个路由,但实际网络中的路由数目会远小于这些。令 $\mathcal{R}_j$ 代表所有经过链路 j 的路由的集合。请求到达路由 R 可以被处理的前提就是对每个 $j \in R$,都至少有一个空闲的线路可以被使用。当网络状态是 $\mathbf{m}$ 时,令 $\lambda(\mathbf{m})$ 代表到达路由 R 的请求的到达率,显然有如下关系:

$$\lambda_R(\mathbf{m}) = 0, \qquad 如果对某些 j \in R, m_j = 0$$

在平衡情况下,令 X_j 是一个代表在链路 j 上空闲的线路数目的随机变量,令 $X = (X_1, \cdots, X_J)$ 且令

$$q_j(m) = P(X_j = m), \quad m = 0, 1, \cdots, C_j \qquad (5.2.1)$$

是空闲的容量的分布,我们需要如下两个假设:

假设 1. 随机变量 $X_1, X_2, \cdots, X_J$ 是相互独立的,且令

$$q(\mathbf{m}) = \prod_{j=1}^{J} q_j(m_j) \quad \mathbf{m} \in \Lambda \qquad (5.2.2)$$

且 $\mathbf{q} = (q(\mathbf{m}): \mathbf{m} \in \Lambda)$ 是上式通过在 Λ 上定义的概率测度。

假设 2. 如果链路 j 上有 m 个空闲的线路,到下一个请求在链路 j 上建立的时间是服从参数为 $\alpha_j(m)$ 的指数分布,其中

$$\alpha_j(m) = \sum_{R \in \mathcal{R}_j} E_{\mathbf{q}}[\lambda_R(\mathbf{X}) \mid X_j = m] \qquad (5.2.3)$$

其中 $E_{\mathbf{q}}[\lambda_R(\mathbf{X}) \mid X_j = m]$ 是当在链路 j 上共有 m 个可用的线路时,在路由 R 上的请求的期望建立率。从而上式表示当在链路 j 上共有 m 个可用的线路时,在链路 j 上总的期望建立率。写在下标的 $\mathbf{q}$ 则强调了 $q_j(\cdot), j = 1, \cdots, J$ 的独立性。当然,我们仍然假定请求的维持周期是服从单位均值的指数分布。

下面我们给出一个例子来说明 $\alpha_j(m)$ 是如何计算的。

例 5.2.1 考虑一个全连接网络，网络中节点的数目为 N，每个链路上的主干存储值（trunk reservation level）为 r，网络中的路由方式为最小负荷路由，首先我们来计算 $\alpha_j(m)$。

解：由于网络是全连接的，故网络中链路的数目为 $J = \dfrac{N(N-1)}{2}$，且每个节点对都对应一个直接的链路路由 $\{j\}$。令 $\mathcal{A}_j$ 代表和 $\{j\}$ 相关联的 $N-2$ 个可选择的两个链路的路由，$\mathcal{A}_j$ 中的路由可以某种方式排序。令

$$m_R = \min\{m_i : i \in R\}$$

代表在路由 R 上空闲的点-点线路的数目。

路由算法为：当请求到达时，如果 $m_j > 0$，则该请求可以直接使用路由 $\{j\}$。否则，连接请求需要使用最小负荷路由 R^*，其中

$$m_{R^*} = \max\{m_R : R \in \mathcal{A}_j\}$$

显然，如果 $m_{R^*} \leqslant r$，则路由请求被阻塞，否则请求可以在路由 R^* 上建立链路。令 α_j 代表由链路 j 直接连接的节点对上的外来请求的到达率，α_k 以某种方式排序，如果 $j \in \mathcal{A}_k$，$j \neq k$。令 $\mathcal{A}_k^-(j) \subset \mathcal{A}_k$ 代表先于此路由的所有路由的集合；$\mathcal{A}_k^+(j) \subset \mathcal{A}_k$ 代表续此路由之后的所有的路由的集合。S_j 是和链路 j 邻近的链路的集合，显然 S_j 中链路的数目为 $2(N-2)$。如果链路 j 和链路 k 相邻近，则存在链路 $T(j,k)$，使得这三个链路可以组成一个三角形，令 X_{jk} 代表链路 $T(j,k)$ 上的空闲的线路的数目，令 $Y_R = \min\{X_i : i \in R\}$ 代表在路由 R 上空闲的点-点的线路的数目，可见，Y_R 是和 m_R 相应的随机变量，由于对应于链路 j 的信息量可以由和链接 $k \in S_j$ 上溢出得到，并且可以在包含链路 j 的可选择的路由上承载，请求在链路 k 上溢出的概率为 $P(X_k = 0)$，该请求可以在包含链路 j 的可选择路由上承载的概率为

$$P(m\Lambda\, X_{jk} > Y_R, R \in \mathcal{A}_k^-(j), m\Lambda\, X_{jk} \geqslant Y_R,$$
$$R \in \mathcal{A}_k^+(j), X_{jk} > r) \tag{5.2.4}$$

换句话说，上式就是一个概率，表示这样一个事件，即包含链路 j 的可选择的路由上空闲的点－点的线路的数目多于之后的路由 $R \in \mathcal{A}_k^-(j)$ 上的空闲的线路的数目，并且多于或等于后续的路由 $R \in \mathcal{A}_k^+(j)$ 上的空闲的线路的数目，并且 $X_{jk} > r$ 表明为了在可选择路由上建立一个路由请求，在每个链路上的空闲的线路的数目应该多于主干存储值(level)。从而我们有

$$\alpha_j(0) = 0$$
$$\alpha_j(m) = \alpha_j \quad \text{for } 1 \leqslant m \leqslant r$$
$$\alpha_j(m) = \alpha_j + \sum_{k \in S_j} \alpha_k P(X_k = 0) \cdot$$
$$P(m \Lambda X_{jk} > Y_R, R \in \mathcal{A}_k^-(j), m \Lambda X_{jk} \geqslant Y_R,$$
$$R \in \mathcal{A}_k^+(j), X_{jk} > r) \tag{5.2.5}$$

对 $m > r$，由独立性假设，我们有：

$$\alpha_j(m) = \alpha_j + \sum_{k \in S_j} \alpha_k P(X_k = 0)[h(j, k, m) +$$
$$P(X_{jk} > m)g(j, k, m)] \tag{5.2.6}$$

其中

$$h(j, k, m) = \sum_{l=r+1}^{m} P(X_{jk} = l)g(j, k, l) \tag{5.2.7}$$

并且

$$g(j, k, l) = \prod_{R \in \mathcal{A}_k^-(j)} P(Y_R < l) \prod_{R \in \mathcal{A}_R^+(j)} P(Y_R \leqslant l) \tag{5.2.8}$$

注意到

$$P(Y_R < l) = 1 - \prod_{k \in R} P(X_j \geqslant l) \tag{5.2.9}$$

从而 $\alpha_j(m)$ 可以由(5.2.6)～(5.2.9)得到，进一步的，如果在某个 q

上收敛，和链路 j 相关联的节点对上的信息量阻塞率可以渐进的表示为

$$L_j = q_j(0) \prod_{R \in \mathcal{A}_j} \left[1 - \prod_{i \in R} P_q(X_i > r) \right] \qquad (5.2.10)$$

我们知道，电路转接网络和波长路由 WDM 网络的不同在于：

1）在电路转接网络中，一个链路上所有的信道（channal）是不能区别的，而在波长路由网络中，一个链路上的波长是不同的，也就是有区别的。

2）在电路转接网络中，一个具有固定路由的请求到达，如果在所有的链路上至少有一个空闲的线路，则该请求可以直接被接受并得到处理，否则请求被阻塞；而在波长路由网络中，一个具有固定路由的请求可以被接受的前提就是在其路由的所有链路上至少有一个空闲的波长。

文[37]拓广到可选择路由的情况，确切地讲，上面的方法需要深入细致的计算，并且一般只适用于规模较小的网络，在该网络中，每个路径中的跳的个数一般不超过 3。更容易处理的模型是由 Subramaniam 提出的[81]，他假定在一个路径上，链路 j 上的负荷只依赖于链路 $j-1$，在[83]中研究了非泊松信息流的情形，当然，仍然假设链路负荷是统计独立的，在[84]中用动态规划的方法研究了具有波长转换器的网络中，使所用的波长数目最多和最少所需要的转换器的数目。一般的，我们在计算波长-路由网络的丢失概率的时候，总是假定链路阻塞事件是相互独立的，这就是有名的链路分解（link decomposition）方法[3]。

模型二：下面我们会详述[81]中的分析模型，这就是（马尔可夫）相关模型：给定一条路径，如果知道链路 1，2，…，$j-1$ 上的负荷，那么在链路 j 上的负荷只依赖于链路 $j-1$ 上的负荷，与其他链路上的负荷无关。

首先我们给出分析模型所需要的一些假设条件：

　　1) 到达每个节点的请求是服从率为 λ 的泊松过程,并且每个请求都等可能的到达其他剩余的节点。

　　2) 请求的维持周期服从均值为 $1/\mu$ 的指数分布,则每个基站上提供的负荷是 $\rho = \lambda/\mu$。

　　3) 请求的路由选择是根据预先给定的原则(例如最短路径的随机选择),并且不依赖于组成一条路径的链接的状态是怎样的。如果选择的路由上没有空闲的波长可以处理该请求,则该请求被阻塞。在这里我们不考虑可选择的路由方法。

　　4) 每个链路上的波长数目都是 W,每个节点都可以转移并且接收这 W 个波长中的任意一个,并且在每个链路上,每个请求都使用该链路中的一个完整的波长,也就是说,我们不考虑信息量填塞(grooming)的情况。

　　5) 波长分配原则是随机的波长分配,这是由于尽管其他的方法可能结果更好,但分析会变得很复杂[4]。

　　下面我们给出一些关于各种概率的记号:

　　♣ $Q(w_f) = P\{$在一个链路上有 w_f 个空闲的波长$\}$。

　　♣ $S(y_f \mid x_{pf}) = P\{$在一个路径的一个链路上有 y_f 个空闲的波长 $\mid$ 在该路径上,该链路之前的链路上共有 x_{pf} 个空闲的波长$\}$。

　　♣ $U((z_c) \mid y_f, x_{pf}) = P\{$在一个路径上,从前一个链路到目前的链路上共有 z_c 个连续的请求 $\mid$ 在前一个链路上共有 x_{pf} 个空闲的波长,在目前的链路上共有 y_f 个空闲的波长$\}$。

　　♣ $R(n_f \mid x_{ff}, y_f, z_c) = P\{$在两个跳的路径上共有 n_f 个空闲的波长 $\mid$ 在该路径的第一个跳上共有 x_{ff} 个空闲的波长,在第二个跳上共有 y_f 个空闲的波长,从第一个跳到第二个跳上共有 z_c 个连续的请求$\}$。

　　♣ $T^{(l)}(n_f, y_f) = P\{$在有 l 个跳的路径上共有 n_f 个空闲的波长,并且在跳 l 上有 y_f 个空闲的波长$\}$。

　　♣ $p_l = P\{$在路由选择中,一个 l-跳的路径被选择$\}$。

　　考虑两个跳的路径,分别用 1,2,3 来顺次代表三个节点,和图 4.3.1 一样。

令 C_l 代表从节点 2 离开路径的请求的数目；C_c 代表从节点 1 进入路径，并且通过节点 2 到达节点 3 的请求数目；C_n 代表从节点 2 进入路径的请求数目。则使用第一条链路的请求数目为 $C_l + C_c$，使用第二条链路的请求的数目为 $C_n + C_c$，很显然有如下关系式成立：

$$\begin{cases} C_n + C_c \leqslant W \\ C_l + C_c \leqslant W \end{cases}$$

由于在节点 2 进入路径的请求的到达率应该和在节点 2 离开路径的请求的到达率相同，故 C_c，C_l，C_n 的状态空间可以用一个三维马氏链来表示。

令 λ_e 代表从节点 1 进入，从节点 2 离开的请求的到达率；λ_c 代表从节点 1 进入，经过节点 2 到达节点 3 的请求的到达率，则相应的 Erlang 负荷为：$\rho_e = \dfrac{\lambda_e}{\mu}$，$\rho_c = \dfrac{\lambda_c}{\mu}$，则 (C_c, C_l, C_n) 的平稳状态概率为：

$$\prod (C_c, C_l, C_n)$$

$$= \frac{\dfrac{\rho_e^{C_l}}{C_l!} \dfrac{\rho_c^{C_c}}{C_c!} \dfrac{\rho_e^{C_n}}{C-n!}}{\sum\limits_{j=0}^{W} \sum\limits_{i=0}^{W-j} \sum\limits_{k=0}^{W-j} \dfrac{\rho_e^i}{i!} \dfrac{\rho_c^j}{j!} \dfrac{\rho_e^k}{k!}}, \qquad \begin{array}{l} 0 \leqslant C_l + C_c \leqslant W \\ 0 \leqslant C_n + C_c \leqslant W \end{array}$$

由古典概率可以得到：

$$R(n_f \mid x_{ff}, y_f, z_c) = \frac{C_{x_{ff}}^{n_f} C_{W-x_{ff}-z_c}^{y_f-n_f}}{C_{W-z_c}^{y_f}}$$

其中，$\min(x_{ff}, y_f) \geqslant n_f \geqslant \max(0, x_{ff} + y_f + z_c - W)$，否则 $R(n_f \mid x_{ff}, y_f, z_c) = 0$。类似的，我们可以得到：

$$U(z_c \mid y_f, x_{pf})$$
$$= P(C_c = z_c \mid C_n + C_c = W - y_f, C_l + C_c = W - x_{pf})$$

$$= \frac{\prod(W-x_{pf}-z_c, z_c, W-y_f-z_c)}{\sum\limits_{x_c=0}^{\min(W-x_{pf}, W-y_f)} \prod(W-x_{pf}-x_c, x_c, W-y_f-x_c)}$$

$$S(y_f \mid x_{pf}) = P(C_n + C_c = W - y_f \mid C_l + C_c = W - x_{pf})$$

$$= \frac{\sum\limits_{x_c=0}^{\min(W-x_{pf}, W-y_f)} \prod(W-x_{pf}-x_c, x_c, W-y_f-x_c)}{\sum\limits_{x_c=0}^{W-x_{pf}} \sum\limits_{x_n=0}^{W-x_c} \prod(W-x_{pf}-x_c, x_c, x_n)}$$

$$Q(w_f) = P(C_l + C_c = W - W_f)$$

$$= \sum\limits_{x_c=0}^{W-w_f} \sum\limits_{x_n=0}^{W-x_c} \prod(W-w_f-x_c, x_c, x_n)$$

考虑 l-跳路径上的阻塞率，显然如果在该路径上没有空闲的波长，则到达该路径的请求被阻塞。假定我们知道概率 $T^{(l-1)}(x_{ff}, x_{pf})$，在$(l-1)$-跳的路径上有 x_{ff} 个空闲的波长，在该路径的最后一个跳上有 $x_{pf}(x_{pf} \geqslant x_{ff})$ 个空闲的波长。由于我们假设在 jth 链路上的负荷只依赖于$(j-1)th$ 上的负荷，我们可以将该 l-跳的路径分为两部分，前 $l-1$ 个跳看作第一个跳，第 l 个跳看作第二个跳，这样我们就得到了一个具有两个跳的路径，并且注意到以下事实：

（1）当包含最初的 $l-1$-跳的路径上空闲的波长数目给定时，l-跳的路径上空闲的波长数目并不依赖于跳 $l-1$ 上空闲的波长数目。

（2）在两个跳的路径上，连续经过第一个链路和第二个链路的请求数目依赖于在该两个跳的路径上每个链路上空闲的波长数目。

（3）在两个跳的路径上，第二个链路上的空闲的波长数目只依赖于在第一个链路上空闲的波长数目。

这样我们就可以得到

$$T^{(l)}(n_f, y_f) = \sum\limits_{x_{pf}=0}^{W} \sum\limits_{x_{ff}=0}^{W} \sum\limits_{z_c=0}^{\min(W-x_{pf}, W-Y_f)} R(n_f \mid x_{ff}, z_c, y_f) \cdot$$

$$U(z_c \mid y_f, x_{pf}) S(y_f \mid x_{pf}) T^{(l-1)}(x_{ff}, x_{pf})$$

可见,当 $n_f \neq y_f$ 时,$T^{(1)}(n_f, y_f) = 0$;当 $n_f = y_f$ 时,$T^{(1)}(n_f, y_f) = Q(n_f)$。从而 l-跳的路径上的阻塞率为:$\sum\limits_{y_f=0}^{W} T_{(l)}(0, y_f)$。从而具有 N 个节点的网络的阻塞率为:

$$P_b = \sum_{l=1}^{N-1} \sum_{y_f=0}^{W} T^{(l)}(0, y_f) p_l$$

对于有波长转换器的网络中阻塞率的计算,可参阅[74]。

§5.3 生灭过程

可逆过程的最简单例子就是生灭过程,我们之所以要在此介绍生灭过程,主要的原因除了因为是下节内容的基础,还在于要给出一个 WDM 网络模型下的定理,下面我们具体给出生灭过程的定义:

定义 5.3.1 设 $X = \{X_t : t \in [0, \infty)\}$ 是一个以 $E = \{0, 1, 2, \cdots\}$ 为状态空间以 $P(t) = \{p_{i,j}(t), i, j \in E\}$ 为转移矩阵的时齐马氏过程。$Q = (q_{i,j}, i, j \in E) = P'(0)$ 是其密度矩阵,如果

$$Q = \begin{bmatrix} -\lambda_0 & \lambda_0 & 0 & 0 & \cdots \\ \mu_1 & -(\lambda_1 + \mu_1) & \lambda_1 & 0 & \cdots \\ 0 & \mu_2 & -(\lambda_2 + \mu_2) & \lambda_2 & \cdots \\ \vdots & \vdots & \vdots & \vdots & \vdots \end{bmatrix} \qquad (5.3.1)$$

其中 $\lambda_0 \geqslant 0$;$\lambda_1, \lambda_2, \cdots > 0$;$\mu_1, \mu_2, \cdots > 0$(即 $q_{0,0} = -\lambda_0$, $q_{0,1} = \lambda_0$, $q_{0,j} = 0$(当 $j \geqslant 2$),而当 $i \geqslant 1$ 时,$q_{i,i} = -(\lambda_i + \mu_i)$, $q_{i,i+1} = \lambda_i$, $q_{i,i-1} = \mu_i$, $q_{i,j} = 0$ 当 $|i-j| > 1$ 时),则称 X 是一个生灭过程。

定理 5.1 在 WDM 网络中,设在 $[0, t)$ 时间间隔内到达的请求数为 X_t,$\{X_t : t \in [0, \infty)\}$ 构成一个以 λ 为强度的 Poisson 过程,每个请求的服务时间 T 是服从参数为 μ 的负指数分布,且每个请求的服

务时间相互独立,且与到来的请求是相互独立的。令 η_t 是时刻 t 网络中的请求数,则 $\{\eta_t : t \geqslant 0\}$ 是一个生灭过程,其转移密度矩阵 $P'(0)$ 是一个形如(5.3.1)的生灭强矩阵。

证明 令

$$A_k(t) = \{在[0, t) 内共有 k 个请求离开\}$$
$$B_k(t) = \{在[0, t) 内共有 k 个请求到达\}(k = 0, 1, 2, \cdots),$$

T_i 是第 i 个请求所需要的时间 $(i = 1, 2, \cdots)$。由于 T 服从负指数分布,所以对任一请求,若已知"它在时刻 t_1 到达网络,而且时刻 t_2 尚未离开网络 $(t_2 > t_1)$",而且在时刻 $t_2 + t$ 仍未离开网络的概率为

$$P(T > t_2 - t_1 + t \mid T > t_2 - t_1)$$
$$= \frac{P(T > t_2 - t_1 + t)}{P(T > t_2 - t_1)} = \mathrm{e}^{-\mu t} = P(T > t)$$

不依赖于 t_1 和 t_2。因此,时刻 0 在网络的任何一个请求(这里把观察时刻当作时刻起点 0),在时刻 t 尚未离开网络的请求的概率为

$$P(T > t) = \mathrm{e}^{-\mu t}.$$

所以用独立性假设可知

$$P(A_0(t)B_0(t) \mid \eta_0 = i) = \mathrm{e}^{-\lambda t} \cdot \mathrm{e}^{-i\mu t} \tag{5.3.2}$$

显然由 T 服从负指数分布可知

$$\lim_{t \to 0^+} P\Big(\bigcup_{r=1}^{i} \{T_r < t\} \Big) = 0 \quad (\forall i \geqslant 1) \tag{5.3.3}$$

而

$$p_{i,i}(t) \triangleq p(\eta_t = i \mid \eta_0 = i)$$
$$= \frac{P(\{\eta_0 = i\} \cap (\bigcup_{k=0}^{\infty} B_k(t) \cap A_k(t)))}{P(\eta_0 = i)}$$

$$= \sum_{k=0}^{\infty} P(B_k(t)A_k(t) \mid \eta_0 = i) \qquad (5.3.4)$$

但是,由(5.2.2)知,

$$\lim_{t\to 0^+} \frac{P(B_0(t)A_0(t) \mid \eta_0 = i) - 1}{t} = -(\lambda + i\mu) \qquad (5.3.5)$$

若令 $v_k(t) = P(X_t = k)$,则

$$0 \leqslant \frac{\sum_{k=1}^{\infty} P(B_k(t)A_k(t) \mid \eta_0 = i)}{t}$$

$$\leqslant \frac{P(B_1(t)A_1(t) \mid \eta_0 = i)}{t} + \frac{\sum_{k=2}^{\infty} v_k(t)}{t}$$

$$\leqslant \frac{P(X_t = 1, \bigcup_{r=1}^{i+1} \{T_r < t\} \mid \eta_0 = i)}{t} + 0(1)$$

$$= \lambda e^{-\lambda t} P(\bigcup_{r=1}^{i+1} \{T_r < t\}) + 0(1) \qquad (5.3.6)$$

由(5.2.3)~(5.2.6)得

$$\lim_{t\to 0^+} \frac{p_{i,i}(t) - 1}{t} = -(\lambda + i\mu) \quad (i \in E) \qquad (5.3.7)$$

仿(5.2.4)有

$$p_{i,i+1}(t) = \sum_{k=1}^{\infty} P(B_k(t)A_{k-1}(t) \mid \eta_0 = i) \quad (i \in E) \qquad (5.3.8)$$

仿照(5.2.7)之证明方法有

$$\lim_{t\to 0^+} \frac{p_{i,i+1}(t)}{t} = \lambda \quad (i \in E) \qquad (5.3.9)$$

当 $i = 1, 2, \cdots, j = i-1$ 时,仿(5.2.4)有

$$p_{i,\,i-1}(t) = \sum_{k=1}^{\infty} P(B_{k-1}(t)A_k(t) \mid \eta_0 = i) \quad (i \in E)$$

$$(5.3.10)$$

仿照(5.2.7)之证明方法,由(5.2.10)有

$$\lim_{t \to 0^+} \frac{p_{i,\,i-1}(t)}{t} = i\mu \quad (i = 1, 2, \cdots) \tag{5.3.11}$$

而对任意 $|i-j| > 1$,仿照(5.2.7)之证明方法有

$$\lim_{t \to 0^+} \frac{p_{i,\,j}(t)}{t} = 0 \quad (\forall \, |i-j| > 1) \tag{5.3.12}$$

由(5.2.2),(5.2.4),(5.2.6)和(5.2.7)得

$$P'(0) = Q = \begin{bmatrix} -\lambda & \lambda & 0 & 0 & \cdots \\ \mu & -(\lambda+\mu) & \lambda & 0 & \cdots \\ 0 & 2\mu & -(\lambda+2\mu) & \lambda & \cdots \\ \vdots & \vdots & \vdots & \vdots & \vdots \end{bmatrix}$$

显然,$\{\eta_t : t \in [0, \infty)\}$ 是以 $P(t)$ 为转移矩阵,以 Q 为转移密度矩阵,以 E 为状态空间的时齐的马尔可夫过程。

§5.4　WDM 丢失网络中任播请求阻塞率的计算

对于 WDM 网络中丢失概率的计算,在文[74]中,通过将问题归结为整数线性规划问题,进而释放整数限制得到线性规划问题,阻塞概率的下界可以得到。Barry[66] 假设每个链路上的波长是以固定概率被使用,并且独立于其他链路和波长,但是 Barry 的方法不能抓住信息量的动态特征。对于任意的网状网和固定路由的网络,Birman[2] 建立了一个具有状态独立到达率的马氏链来描述链路阻塞率,如果令 B_{WR} 代表端对端信息量的阻塞率,X_R 是随机变量,代表在路由 R 上空闲的波长数目。如果该路由只包含一个单一的链路 j,则

X_R 可以写为 X_j。令 $E = \{1, 2, \cdots, J\}$ 代表端对端信息量的路由。
则 $B_{WR} = P[X_E = 0]$，由假设知随机变量 X_j 是相互独立的，如果我
们有如下记法：

$$p_n(x) = P(X_R = n \mid X_1 = x_1, \cdots, X_N = x_N) \qquad (5.4.1)$$

其中 $R = \{1, 2, \cdots, N\}$ 是任何一个包含 N，$N \geqslant 2$ 个链路的路由，
并且 $x = (x_1, x_2, \cdots, x_N)$。很显然，$p_n$ 不是代表一个单独的函数而
是一类函数，这是由于 N 可以根据实际的要求而发生变化。从而由
全概率公式，我们有

$$\begin{aligned}
B_{WR} &= P[X_E = 0] \\
&= \sum_{m \geqslant 0} P[X_E = 0 \mid X_1 = m_1, \cdots, X_J = m_j] \cdot \\
&\quad P[X_1 = m_1, \cdots, X_J = m_J] \\
&= \sum_{m \geqslant 0} p(m) \prod_{j=1}^{J} P[X_j = m_j] \qquad (5.4.2)
\end{aligned}$$

其中 $m = (m_1, m_2, \cdots, m_J)$。另外由爱尔兰丢失系统我们可以得到
(5.4.2)式中 $P[X_j = m_j]$ 的表达式，即

$$P[X_j = m_j] = \frac{\lambda^{W-m_j}}{(W-m_j)!} \left(\sum_{k=0}^{W} \frac{\lambda^k}{k!} \right)^{-1} \qquad (5.4.3)$$

考虑两个跳的路径 $R = \{i, j\}$，并且

$$p_n(x, y) = P[X_{i,j} = n \mid X_i = x, X_j = y] \qquad (5.4.4)$$

显然 $p_n(x, y) = p_n(y, x)$，这可以看作这样一个概率问题：有 W 个
盒子，有 x 个红球和 y 个绿球随机地放到这 W 个盒子中，并且每个盒
子中红球或绿球的个数不能超过 1，求有 n 个盒子中既有红球也有绿
球的概率。我们还要求 $x + y - n \leqslant W$，$1 \leqslant x, y \leqslant W$，从而有：

$$p_n(x, y) = \begin{cases} \beta(x, y, n), & x \geqslant y \geqslant n \\ \beta(y, x, n), & y \geqslant x \geqslant n \\ 0, & \text{否则} \end{cases} \qquad (5.4.5)$$

其中

$$\beta(x, y, n) = (C_y^n)\Big(\prod_{i=1}^{n} \frac{x-i+1}{W-i+1}\Big) \cdot$$

$$\Big(\prod_{i=1}^{y-n} \frac{W-x-i+1}{W-n-i+1}\Big) \qquad (5.4.6)$$

和例 5.2.1 的假设条件相似,我们可以给出求在 WDM 丢失网络中求 $\alpha_j(m)$ 的方法。不加说明,我们和例 5.2.1 中使用的表示方法是一致的。

令 $alt(j)$ 代表根据最小负荷路由机制而和链路 j 所对应的两个链路的可选路由。设链路 j 上有 m 个空闲的波长,则 $\alpha_j(m)$ 可以表示如下:

$$\alpha_j(m) = \begin{cases} 0 & m = 0 \\ \alpha_j & 1 \leqslant m \leqslant r \\ \alpha_j + \sum_{k \in S_j} \alpha_k P(X_k = 0) h(j, k, m) & m > r \end{cases}$$

$$(5.4.7)$$

其中,当 $m > r$ 时

$$h(j, k, m) = P[alt(k)$$
$$= \{j, T(j, k)\} : X_{j,T(j,k)} > r \mid X_j = m]$$
$$= \sum_{l=r+1}^{m} P[X_{j,T(j,k)} = l \mid X_j = m] \cdot P[alt(k)$$
$$= \{j, T(j, k)\} \mid X_j = m, X_{j,T(j,k)} = l]$$
$$= \sum_{l=r+1}^{m} f(j, k, m, l) g(j, k, l) \qquad (5.4.8)$$

其中

$$f(j, k, m, l) = P(X_{j,T(j,k)} = l \mid X_j = m) \qquad (5.4.9)$$

$$g(j, k, l) = P[alt(k) = \{j, T(j, k)\} \mid X_{j,T(j,k)} = l] \qquad (5.4.10)$$

由最小负荷路由机制，我们可以得到

$$g(j, k, l) = \prod_{R \in \mathcal{A}_k^-(j)} P(Y_R < l) \prod_{R \in \mathcal{A}_R^+(j)} P(Y_R \leqslant l) \quad (5.4.11)$$

而由于事件 $\{X_{j, T(j, k)} = i, i = l, \cdots, m\}$ 是不相交事件，可以得到

$$f(j, k, m, l) = \sum_{i=l}^{m} P(X_{T(j, k)} = i \mid X_j = m) \cdot$$
$$P(X_{j, T(j, k)} = l \mid X_j = m, X_{T(j, k)} = i)$$
$$= \sum_{i=l}^{m} q_{T(j, k)}(i) p_l(m, i) \quad (5.4.12)$$

其中 $p_l(m, i)$ 就是式 $(5.4.5)$。

下面我们来计算 WDM 丢失网络中任播请求的阻塞率：

令 $f_{(s, d)}$ 表示在路由 (s, d) 上空闲的波长数目，B_{AWR} 是在 WDM 网络中任播请求的阻塞率。很显然有如下关系式成立：$B_{AWR} = P(f_{(s, d)} = 0)$。如果 (s, d) 是一个仅包括一个链路 j 的路由，则 $f_{(s, d)} = f_j$，

$$P(f_j = m_j) = \frac{\lambda_s^{W-f_j}}{(W - f_j)!} \left(\sum_{k=0}^{W} \frac{\lambda_s^k}{k!} \right)^{-1}.$$

正如文[100]的表述一样，具有点-点的请求可以被分解为一定数目的子系统，每一个子系统都可以用逼近的算法进行研究。然后从子系统的解得到整个网络的解，这个解得到的前提是该解必须是收敛的。因此为了得到阻塞率，长路径的路由可以被分解为有限的串联的短路径。根据这种思想，我们只需要讨论在相对短的路径上的情形。

我们假设 $f_j, j = 1, 2, \cdots, J$ 是相互独立的，马尔可夫相关模型意味着在一个路径上的链路 j 上的负荷不依赖于 $1, 2, \cdots, j-2$ 只依赖于链路 $j-1$ 上的负荷。因为 (s, d) 可以被分解为一列串联的短路径，我们仅考虑 $R = (i, j)$ 的情形，相应的 $f_R = f_{i, j}$。令 $F = (f_1, \cdots, f_J)$ 并且令 $p_n(x, y) = P(f_{i, j} = n \mid f_i = x, f_j = y)$，显然有 $p_n(x,$

$y) = p_n(y, x)$。由前面的讨论,我们可以得到以下引理:

引理 5.4.1 当 $1 \leqslant x, y \leqslant W$ 且 $x + y - n \leqslant W$ 时,$p_n(x, y)$ 可以被表示如下:

(i) 如果 $x \geqslant y \geqslant n$,则 $p_n(x, y) = (C_y^n)\Big(\prod_{i=1}^{n} \dfrac{x-i+1}{W-i+1}\Big) \cdot$
$\Big(\prod_{i=1}^{y-n} \dfrac{W-x-i+1}{W-n-i+1}\Big)$;

(ii) 如果 $y \geqslant x \geqslant n$,则 $p_n(x, y) = (C_x^n)\Big(\prod_{i=1}^{n} \dfrac{y-i+1}{W-i+1}\Big) \cdot$
$\Big(\prod_{i=1}^{x-n} \dfrac{W-y-i+1}{W-n-i+1}\Big)$。

令 $q_j(m) = P(f_j = m)$, $m = 0, 1, \cdots, W$,由独立性假设,可以得到 $q(\mathbf{m}) = \prod_{j=1}^{J} q_j(m_j)$,其中 $\mathbf{m} = (m_1, \cdots m_J)$。

定理 5.2 两个跳的路由 (i, j) 上的阻塞率可以表示为:

$$P(f_{(i, j)} = 0) = \sum_{l=0}^{W} \sum_{m=0}^{W} q_i(l) q_j(m) p_o(l, m),$$

其中

$$q_j(m) = \frac{W(W-1)\cdots(W-m+1)}{\alpha_j(1)\cdots\alpha_j(m)} \cdot q_j(0),$$

$$q_j(0) = \Big[1 + \sum_{m=1}^{W} \frac{W(W-1)\cdots(W-m+1)}{\alpha_j(1)\cdots\alpha_j(m)}\Big]^{-1},$$

并且 $\alpha_j(m)$ 可由(5.4.34)得到。

证明 由[28],链路 j 上空闲的波长数目可以看作是一个生灭过程,因此

$$q_j(m) = P(f_j = m) = \frac{W(W-1)\cdots(W-m+1)}{\alpha_j(1)\cdots\alpha_j(m)} \cdot q_j(0).$$

由于 $\sum_{m=0}^{W} q_j(m) = 1$，可以得到

$$q_j(0) = \left[1 + \sum_{m=1}^{W} \frac{W(W-1)\cdots(W-m+1)}{\alpha_j(1)\cdots\alpha_j(m)}\right]^{-1}$$

从而

$$P(f_{i,j} = 0) = \sum_{l=0}^{W} \sum_{m=0}^{W} P(f_{(i,j)} = 0 \mid f_i = l, f_j = m) \cdot$$
$$P(f_i = l, f_j = m)$$
$$= \sum_{l=0}^{W} \sum_{m=0}^{W} p_0(l, m) P(f_i = l) P(f_j = m)$$
$$= \sum_{l=0}^{W} \sum_{m=0}^{W} p_0(l, m) q_i(l) q_j(m).$$

第六章　总结以及今后工作

§6.1　总结

　　光纤是现代化通信网中传输信息的媒质。通信网络的发展已经经历了三代,第一代网络节点用电缆互连在一起,即全电网络;用光纤取代电缆后构成的网络,是现在仍在被广泛使用的第二代网络;所有节点被不间断的光缆联结起来,节点内只对光信号进行交换,这就是第三代网络,即全光网络,全光网络是光在传输、放大、中继、上下话路、分组交换、复用和解复用的过程中完全是在光频范围内进行处理的网络,本质上是完全透明的,即对不同速率、协议、调制频率和信号是完全兼容的。

　　20 世纪 90 年代中期以后,WDM 光纤传输系统的应用前景已很明朗。国际上也已开始进行 WDM 光网络的实验研究。在点对点WDM 系统的基础上,以波长路由为基础,引入光交叉(OXC)和分插复用(OADM)节点,建立具有高度灵活性的生存性的光网络,被认为是可行且具有发展前途的方案,这主要是因为 WDM 全光通信网具有如下特点:可以极大地提高光纤的传输容量和节点的吞吐容量,能够适应未来高速宽带通信网的要求;OXC 和 OADM 对信号的速率和格式透明,可以建立一个支持多种电通信格式的,透明的传输平台;以波长路由为基础,可以实现网络的动态重构和故障的自动恢复(治愈),构成具有高度灵活性和生存性的光传送网。

　　WDM 全光网是目前光纤通信领域的研究热点和前沿。在本文中,我们详细介绍了目前存在的 WDM 光纤网络结构,由于我们的研究重点是放在波长路由网路中,故我们对这种网络结构中存在的主要研究问题进行了总结,同时给出了 WDM 全光网的拓扑结构,总结了目前常用的路由和波长分配算法。由于目前为止,对 WDM 网络中的 RWA 问题的研究主要考虑的是单播和多播的情况,而对于任播却没有相应的算法产生。IPv6 已经将任播定义为一种标准的网络服务,事实上,到目前为止,任播的应用越来越广泛,例如网上交易、网上银行、下载、上载等。本文就首先解决了这一问题,给出了 WDM 光纤网络中任播形式请求的路由和波长分配算法,任播请求可以分为静态的和动态的,对这两种情形,我们分别给出了简单的算法并进行了计算机模拟研究,这就是本文第二章的主要内容。

除了给出路由和波长分配算法外,我们还进行了数学上的分析,第三章就给出了数学分析的准备工作,介绍了马氏过程的若干知识,主要包括可逆性和 Kolmogorov 准则,在本章中,我们附带的给出了判别离散状态马氏链常返性的一个充分必要条件,在此基础上给出了一个简单定理来判断马氏链平稳分布是否存在。

迄今为止,对网络的性能分析主要集中在平衡性分析和丢失概率的计算两个方面,在本文中,我们主要研究的丢失网络指的就是 WDM 网络。众所周知,在随机网络中所取得的最值得称道的成果当属乘积型随机网络理论,而乘积形式的解是其最出色的成果。在第四章和第五章,我们分别进行了这两方面的工作,得到的结果就是乘积形式的解。

§6.2　未来工作展望

在本文中,我们的研究主要考虑的是单光纤的 WDM 光纤网络,对于多光纤的 WDM 网络,还没有进行相应的研究。理论上来说,应用相似的方法,我们也可以讨论多光纤的 WDM 网络,但是由于在多光纤 WDM 网络中,使用同一链路的不同光纤上相同的波长是完全等效的,这就对路由和波长分配算法提出了新的要求并且使网络的性能分析更加复杂。

另外,在考虑 WDM 光纤网络中任播形式的请求时,为了使讨论简单一些,在有偏差的权选择上,我们仅仅根据目的地节点分布的不同提出了有偏差的权选择算法,但在实际网络中,往往还需要根据路由带宽信息和以往的录取历史信息来调整权选择算法,这些动态的状况无疑会增加分析的难度。对于电路转换网络,这方面的工作已经在文献[21]中进行了初步的研究,那么如何在 WDM 光纤网络中考虑这些因素呢? 通过应用更多的分析工具,这一问题也许会得到解决。

参 考 文 献

[1] A. Birman. Routing and wavelength assignment methods in single-hop all-optical networks with blocking. INFOCOM'95, Proceedings of the Fourteenth Annual Joint Conference of the IEEE Computer and Communications Societies: Bringing Information to People, 1995, 431 – 438.

[2] A. Birman. Computing blocking probabilities for a class of all-optical networks. IEEE J. Select. Areas Commun, Vol. 14, June 1996, 852 – 857.

[3] A. Girard. Routing and dimensioning in circuit-switched networks. Reading, MA: Addison Wesley, 1990.

[4] A. Mokhtar and M. Azizoglu. Dynamic route selection and wavelength assignment in all-optical networks. in Proc. 8th Annual LEOS Meeting, Oct. 1995, 220 – 221.

[5] Anycast-数字话未来的新梦想. 音响世界, 2001(6). www. av-2000. com.

[6] A. S. Noetzel. A generalized queueing discioline for product-form network solution. J. ACM, 1979, 26, 779 – 793.

[7] Baruch Awerbuch. Approximate distributed Bellman-Ford algorithm. INFOCOM'91, 1991, 1208 – 1213.

[8] B. A. Serastyanov. Limit theorems for markov process and their pplication to telepone loss syatems. Theory Probab. Apl. 1957(2): 104 – 112.

[9] B. Chen and J. P. Wang. Efficient routing and wavelength assignment for multicast in WDM networks. IEEE Journal

on Selected Areas in Communications. 2002, 20（1）:
97 - 109.

[10] B. Mukherjee. WDM-based local lightwave networks: Part
Ⅰ: single-hop systems, Part Ⅱ: Multi-hop systems. IEEE
Network, 12 - 27, May 1992 and 20 - 32, July 1992.

[11] B. Mukherjee. WDM optical communication networks:
progress and challenges. IEEE JSAC, 2000, 18（10）:
1810 -1824.

[12] B. M. Waxman. Routing of multipoint connections, IEEE
Journal on Selected Areas in Communications. 1998, Vol. 6,
No. 12: 1617 - 1622.

[13] B. Wang and J. Hou. Multicast routing and its QoS
extension: problems, algorithms and protocols. IEEE
Network, 2000, 22 - 36.

[14] Chien Chen and Subrata Banerjee. A new model for optimal
routing and wavelength assignment in wavelength division
multiplexed optical networks. INFOCOM'96, Fifteenth
Annual Joint Conference of the IEEE Computer Socities:
Networking the next generation, proceedings IEEE, 1996,
Vol. 1: 164 - 171.

[15] C. Partridge, T. Mendez and W. Milliken. Host Anycasting
Service. RFC 1546, 1993.

[16] C. Siva Ram Murthy and Mohan Gurusamy. WDM optical
netwroks: concept, design and algorithms. PH PTR,
NJ, 2002.

[17] D. Katabi and J. Wroclawski. A Framework for Scalable
Global IP-Anycast(GIA) . Proc. of SIGCOMM 2000 (GIA).

[18] D. Mitra and J. A. Morrisoon. Erlang capacity and uniform
approximations for shared unbuffered resources. IEEE/ACM

Transactions on Networking，1994，21(6)：558－570.

[19] D. Poihos.，C. Voudouris. and N. Azarmi.. Intelligent routing/scheduling for broadcast service networks. ISR Technical report，1998.

[20] D. Xuan，W. Jia and W. Zhao. Routing algorithms for anycast messages. Proc. International Conference on Parallel Processing，1998，122－130.

[21] D. Xuan and W. Jia. Distributed Admission Control for Anycast Flows with Qos Requirements. The 21st IEEE International Conference on Distributed Computing Systems，2001，292－300.

[22] E. Basturk，R. Haas，R. Engel，D. Kandlur，V. Peris，and D. Saha. Using Network Layer Anycast for Load Distribution in the Internet. Proc. Global Internet'98 (1998).

[23] 方大凡. 随机环境中马氏过程若干问题及应用. 上海大学博士论文,2002 年 6 月.

[24] F. Baskett et al. Open，closed and mixed networks of queues with different cases of customs，J. Assoc. Comput. Math. 1975，22：248－260.

[25] E. Brockmeyer.，H. L. Halstrom. and A. Jensen. The Life and works of A. K. Erlang. Academy of Technical Sciences，Copenhagen，1948.

[26] E. Brockmeyer，H. L. Halstrom and A. Jensen. The life and works of A. K. Erlang. Copenhagen：Academy of Technical Sciences，1957.

[27] F. P. Kelly. Networks of queues. Adv. Appl. Prob. 1976，8：416－432.

[28] F. P. Kelly. Reversibility and Stochastic Networks. Wiley，Chichester，1979.

[29] F. P. Kelly. Blocking probabilities in large circuit-switched networks. Adv. Appl. Prob. 1986, 18: 473-505.

[30] F. P. Kelly. Special invited paper: loss networks. The Annals of Applied Probability, 1991, 1(3): 319-378.

[31] G. Mohan and c. Siva Ram Murthy. A time optimal wavelength rerouting algorithm for dynamic traffic in WDM networks. IEEE/OSA Journal of Lightwave Technology, 1999, 17(3): 406-417.

[32] G. R. Ash, J. S. Chen, A. E. Frey and B. D. hung. real-time network routing in a dynamic class-of-service network. in Proc. 13th ITC, Copenhagen, Danmark, 1991.

[33] 顾畹仪. 全光通信网. 北京：北京邮电大学出版社, 1999.

[34] 顾畹仪. 光传送网. 北京：机械工业出版社, 2003.

[35] Han-You Jeong, Ssang-Soo Lee, Seung-Woo Seo and Byoung-Seok Park. An adaptive distributed wavelength routing algorithm in WDM networks. Global Telecommunications Conference, 2000. GLOBECOM'00. IEEE, 2000, Vol. 2: 1259-1263.

[36] 何声武. 随机过程引论. 北京：高等教育出版社, 1999.

[37] H. Harai, M. Murata and H. Miyahaya. Performance of alternate routing methods in all-optical switching networks, in Proc. INFOCOM'97, April, 517-525.

[38] H. F. Salama, D. S. Reeves. and Y. Viniotis. A distributed algorithm for delay-constrained unicast routing. Infocom'97, Japan March 1997.

[39] http://www.863.org.cn.

[40] http://www.cainonet.net.cn.

[41] 胡迪鹤. 随机过程论-基础、理论、应用. 武汉：武汉大学出版社, 2000.

[42] H. Wang. Extinction of P-S-D branching processes in random

environments. J. Appl. Prob. 1999, 36: 146 - 154.

[43] I. B. Ziedins and F. P. Kelly, Limits theorems for loss networks with diverse routing. Adv. Appl. Prob. 1989, 21: 804 - 830.

[44] IETF. Multicast and anycast group membership charter. http: // www. ietf. org/html. charters/ magma-charter. html.

[45] IETF. Mobile ad hoc networks working group. http: // www. ietf. org/html. charters/manet-charter. html.

[46] J. H. Weber. A simulation study of routing control in communication networks. Bell System Tech. J. 1964, 43: 2639 - 2676.

[47] Jingyi He, S. H. G. and Tsang, D. H. K. , Routing and wavelength assignment for WDM multicast networks. Global Telecommunications Conference, 2001, GLOBCOM'01, IEEE, 2001, Vol. 3: 1536 - 1540.

[48] 纪越峰. 光波分复用系统. 北京：北京邮电大学出版社, 1999.

[49] J. J. 摩特, S. E. 爱尔玛拉巴主编. 运筹学手册-基础和基本原理. 上海：上海科学技术出版社, 1987.

[50] J. M. Akinpelu. The overload performance of engineered networks with nonhierarchical and hierarchical routing, AT & T bell Labs Tech. J. , 1984, Vol. 63: 1261 - 1281.

[51] J. R. Jackon. Networks of waiting lines, Opns. Res. 1957, 5: 518 - 521.

[52] K. C. Lee and V. O. K. li. A wavelength rerouting algorithm in wide-area all-optical networks. IEEE/OSA Journal of Lightwave Technology, 1996, 14 (6): 1218 - 1229.

[53] K. M. Chandy, et al. Product form and local balance in queueing networks. J. ACM. 1977, 24: 250 - 263.

［54］ K. M. Chandy and A. J. martin. A characteralization of product-form queueing networks. J. ACM. 1983，3：286 -299.

［55］ K. Nawrotzki. Discrete Open Systems or Markov Chains in a Random Environment（I）. J. Inform. Process Cybernet，1981,17：569 – 599.

［56］ K. Nawrotzki. Discrete Open Systems or Markov Chains in a Random Environment（II）. J. Inform. Process Cybernet，1982,18：83 – 98.

［57］ 刘增基,周洋溢,胡辽林,等. 光纤通信. 西安：西安电子科技大学出版社,2001.

［58］ L. Kleinrock. Queuing Systems. Computer Applications. Wiley，New York，1975，Vol. 2.

［59］ 李漳南,吴荣. 随机过程教程. 北京：高等教育出版社,1987.

［60］ Lu Ruan and Ding-Zhu Du. Optical networks-recent advances. Netherlands：Kluwer Academic Publishers，2001.

［61］ Maoning Tang, Weijia Jia and Hanxing Wang. Routing and wavelength assignment for anycast in WDM networks，Proc. 3rd IASTED ICWOC，July，2003,301 – 306.

［62］ N. Ghani. Integration strategies for IP over WDM，Workshop. Opt. Networking, Dallsa, TX, Jan. 2000.

［63］ P. J. Hunt and K. P. Kelly. On critically loaded loss networks，Adv. Appl. Prob. 1989,21：831 – 841.

［64］ P. J. Hunt and C. N. Laws. Asymptotically optimal loss network contrlo，Math. Operat. Res. 1991,18：880 – 900.

［65］ 钱敏平,候振挺. 可逆马尔可夫过程. 长沙：湖南科学技术出版社,1979.

［66］ R. A. Barry and P. A. Humblet. Models of blocking probability in all-optical networks with or without wavelength changers, Select. Areas Commun. , June 1996, Vol. 14: 858-867.

[67] Rajiv Ramaswami and Kumar N. Sivarajan. Optical networks: A practical perspective. San Francisco: Morgan Kaufmann Publishers, Inc, 1998.

[68] R. B. Cooper and S. Katz. Analysis of alternate routing networks with account taken of nanrandomness of overflow traffic, Tech. Rep. Bell Telephone Lab. Meno. 1964.

[69] R. Cogburn. Markov Chains in Random Environments: the Case of Markovian Environments. Ann. Probab. , 1980, 8: 908 - 916.

[70] R. Cogburn and W. C. & Torrez. Birth and Death Processes with Random Environments in Continuous time. J. Appl. Prob. , 1981, 18: 19 - 30.

[71] R. Cogburn. The ergodic theory of Markov chains in random environments. Z. Wahrsch. Verw. Gebiete, 1984, 66: 109 - 128.

[72] R. J. gibbens and F. P. Kelly. Dynamic routing in fully connected networks, IMA J. Mathematic Conr. and Inform. 1990, Vol. 7: 77 - 111.

[73] R. L. Wilkinson, Theory for toll traffic engineering in the USA. Bell System Tech. J. 1956, 35: 421 - 513.

[74] R. Ramaswami and K. N. Sivarajan. Optimal routing and wavelength assignment in all-optical networks. in IEEE INFOCOM'94, June 1994, 970 - 979.

[75] R. R. Muntz. Poisson departure and queueing networks, Res. Rep. RC4145, IBM Thomas J. N. Y. , Waston Reserch center, Yorktown Heights, 1972.

[76] Sara Basse. Computer Algorithms: Introduction to design

and analysis. Addison-Wesley Publishing Company，1988.

[77] S. Asmusses. Stationary distributions for fluid flow models with or without Brownian noise. Stochastic Models，1995.

[78] S. Orey. Special invited paper：Markov chains with stochastically stationary transition probabilities. The Annals of Probability，1991，18(3)：907 - 928.

[79] S. P. Chung and K. W. Ross. Reduced load approximations for multirate loss networks. IEEE Trans. Commun. 1991，41：726 - 736.

[80] S. P. Chung，A. Kashper and K. W. Ross. Computing approximate blocking probabilities for large loss networks with state-dependent routing. IEEE/ACM Tranc. Networks，1993，1(1).

[81] S. Subramaniam，M. Azizoglu and A. K. Somani，All-optical networks with sparse wavelength conversion，IEEE/ACM Trans. Networking，Aug. 1996，Vol. 4：544 - 557.

[82] S. Subramaniam，etc.. Wavelength assignment in fixed-routing WDM netwroks. ICC97，406 - 410.

[83] S. Subramaniam，A. K. Somani and M. Azizoglu. A performance model for wavelength conversion with non-poisson traffic，in Proc. IEEE INFOCOM，April，1997，500 -507.

[84] S. Subramaniam，M. Azizoglu，an A. K. Somani. On the optimal placement of wavelength converters in wavelength-routed networks，in Proc. IEEE INFOCOM，April，1998，902 - 909.

[85] S. Zachary. On blocking in loss networks. Adv. Appl. Prob. 1991，23：355 - 372.

[86] Thomas E. Stern，Krishna Bala. 多波长光网络. 徐荣，龚倩，

译. 北京：人民邮电出版社，2001.

[87] T. J. Ott and K. R. Krishnan, Seperable routing. A scheme for state dependent routing of circuit switched traffic. Annals of Opera. Res. 1991, Vol. 35：43 – 68.

[88] T. G. Robertazzi. Computer Networks and Systems：Queuing Theory and Performance Evaluation. New York：Springer-Verlag，1990.

[89] V. E. Benes. Mathematical Theory of Connecting Networks and Telephone Traffic. New York：Academic，1965.

[90] V. P. Chundhary, K. R. Krishnan and C. D. Pack. Implementing dynamic routing in the local telephone companies of the USA，in Proc. 13th ITC. Copenhagen，Denmark，1991.

[91] Walter Goralski. 光网络与波分复用. 胡先志，罗杰，胡佳妮，等译. 北京：人民邮电出版社，2003.

[92] W. J. Gordon and G. F. Newell. Closed queueing systems with exponential services，Opns. Res. 1967，15：254 – 265.

[93] 《现代应用数学手册》编委会. 现代应用数学手册-概率统计与随机过程卷. 北京：清华大学出版社，1999.

[94] Xiao-Hua Jia，Ding-Zhu Du，Xiao-Dong Hu，Man-Kei Lee and Jun Gu. Optimization of wavelength assignment for QoS multicast in WDM networks. IEEE Transactions on Communications，Feb 2001，49(2)：341 – 350.

[95] 徐光辉. 随机服务系统. 第二版. 北京：科学出版社，1988.

[96] 徐光辉，刘彦佩，程侃. 运筹学基础手册. 北京：科学出版社，1999.

[97] 徐世中. 波分复用光传送网中选路和波长分配算法的研究. 电子科技大学博士论文，2000 年 7 月.

[98] 应坚刚，金蒙伟. 随机过程讲义. 预印本，杭州：2002 年.

[99] Yongbing Zhang，Taira，K.，Takagi，H. and Das，S. K..

An efficient heuristic for routing and wavelength assignment in optical WDM networks, Communications, 2002. ICC 2002, IEEE International Conference on, 2002, Vol. 2: 2734 - 2739.

[100] Yuhong Zhu, George N. Rouskas, Harry G. Perros. A path decomposition approach for computing blocking probabilities in wavelength-routing networks. IEEE/ACM Trans. Networking, December 2000, 8(6).

[101] Yunxiao Zu, anlin Wang and Yugeng Sun. A study on unicast routing algorithm with network bandwidth constraint. the 2000 IEEE Asia-Pacific Conference on Circuits and Systems, 2000, 837 - 840.

[102] Z. Dziong and J. W. Roberts. Congestion probabilities in circuit-switched integrated service network. Performance Evaluation, 1987, 7, 267 - 284.

[103] 张劲松,陶智勇,韵湘. 光波分复用技术. 北京:北京邮电大学出版社, 2002.

[104] 张雷. 波长变换 WDM 网络中路由与波长配算法的研究及网络性能分析. 电子科技大学博士论文,2002 年 4 月.

[105] 张丽,严伟,李晓明. Anycast-IP 的又一通信模式. 计算机研究与发展,2003, 40(6):784 - 790.

攻读博士学位期间公开发表
及完成的论文

[1] Maoning Tang, Weijia Jia and Hanxing Wang. Routing and wavelength assignment for anycast in WDM networks, Proc. 3rd IASTED ICWOC, July, 2003, 301 - 306.

[2] Hanxing Wang, Maoning Tang and Jiaochao Fang. A Poisson limit theorem for a strongly ergodic non-homogeneous Markov chain. Journal of Mathematical Analysis and Applications, 2003, 277, 722 - 730.

[3] Dafan Fang, Hanxing Wang and Maoning Tang. Poisson limit theorem for countable Markov chains in Markovian environments. Applied Mathematics and Mechanics, Mar. 2003, 24(3): 298 - 306.

[4] Weijia Jia, Hanxing Wang and Maoning Tang. Effective delay control for high rate heterogeneous real-time flows, Proc. 23rd IEEE ICDCS, May, 2003.

[5] Hanxing Wang, Dafan Fang and Maoning Tang. Ruin probabilities under a Markovian risk model. ACTA Mathematicae Applicatae Sinica, 2003, 19(4): 621 - 630.

[6] Maoning Tang and Hanxing Wang, The equilibrium analysis for anycast in WDM networks. Journal of Shanghai University (English version), 2004, 8(1).

[7] Maoning Tang and Hanxing Wang. Adaptive wavelength routing for anycast in WDM networks with QoS requirements, ACTA Electronica Sinica, revised.

[8] Maoning Tang and Hanxing Wang. Some notes on Markovian chains with discrete time. Journal of Shanghai University，submitted.

致 谢

我把最衷心的感谢和深深的敬意送给导师王汉兴教授。从硕士到博士，在上海大学数学系五年的生活学习生活中，王老师以他在数学领域中渊博的知识，敏捷的思维以及严谨的工作科研作风和高尚的品德深深地影响着我，在我心中留下了难以磨灭的印象。身教重于言传，我为有这样一位导师而感激，而自豪。

非常感谢柳青青老师，五年来，王老师和柳老师夫妇自始至终的关怀、鼓励以及他们独特的人格魅力，令我终身难忘。

感谢史定华教授、冷岗松教授、孙世杰教授、白延琴副教授、盛平兴副教授、万东明老师、贾筱楣老师等数学系的领导和老师对我的关心和帮助；同时感谢同学刘士平、邓淑芳、李红霞、赵春霞、陈俊给予我的无私的帮助；感谢方建超、于娜、张琴、胡细、余晚霞、傅云斌及其他师弟师妹的帮助，正是和他们的讨论给了我很多帮助；感谢其他所有帮助过我的以及在一起共同学习和生活过的同学和朋友。

我还要特别感谢香港城市大学电脑工程与资讯科技系的贾维嘉博士，感谢他给我提供了一次到香港学习研究的机会，对我研究课题的确定提供了很大的帮助。

最后，感谢我的父母和家人以及男友对我所作的无私的奉献，正是他们的理解、支持和关怀，使我能专注于研究工作并顺利地完成博士期间的学业。

唐矛宁

2004.5